Windows11を用いた <u>Microsoft 365 対応</u>
コンピューターリテラシーと 情報活用

斉藤幸喜・小林和生 ［著］

Applied Computer Literacy
using Windows 11

共立出版

本書が対象としているシステム環境

○　ハードウェア

　・コンピューター本体　　　：Windows 11 が動作するパソコン
　・リムーバブルメディア　　：USB メモリ

　ユーザーのデータを格納するリムーバブルメディアとしては USB メモリを前提として
記述していますが，CD-R や DVD-R などのメディアを使用する際には，本書の記述を適
宜，読み替えてください。

○　ソフトウェア

　・基本ソフト(OS)　　　　　　Windows 11 Professional
　・日本語入力ソフト　　　　　Microsoft IME
　・ワープロソフト　　　　　　Word for Microsoft 365
　・表計算ソフト　　　　　　　Excel for Microsoft 365
　・プレゼンテーションソフト　PowerPoint for Microsoft 365
　・WWW ブラウザ　　　　　　Microsoft Edge
　・メールソフト　　　　　　　Outlook for Microsoft 365

まえがき

　「リテラシー (literacy)」とは，「特定分野に関する知識・能力」のことを意味します。ですから，本書のタイトルにある「コンピューターリテラシー」とは，「コンピューターを道具として自由に使いこなす技術」という意味です。最近では，パソコンとインターネットを使って情報を収集し，文書や表を作成したりプレゼンテーションを行ったりすることは必須となってきています。

　そこで，本書の目的は，Windows 11 と Windows 11 上で動作する代表的なアプリケーションソフトの基本的な操作法や使用法をわかりやすく解説することです。このために，Windows 11 の操作法からワープロソフト・表計算ソフト・プレゼンテーションソフト・WWW ブラウザ・メールソフトの使用法に関する説明をコンパクトにまとめました。特に，画面イメージを多数取り込み，初心者が実際にパソコンを操作する際に，とまどわないように工夫しました。さらに，大学などの授業で使用することを考慮して，章末に多数の演習問題を用意しました。大学の授業では，半期で使用するテキストとしてちょうど良い分量ではないかと思います。

　本書の紙面はすべて，本書で解説しているワープロソフト（Word for Microsoft 365）を使用して作成しました。いろいろなアプリケーションソフトの実行画面を Word 文書中に取り込んで，編集しました。このように，ワープロソフトを使用すると，かなり複雑な文書も作成することができます。本書で取り上げた表計算ソフトなどにも，ここで解説していること以上にさまざまな機能があります。本書が，それぞれの人が自分の目的に合ったパソコンの使用法をマスターするための足がかりとなれば幸いです。

　最後に，本書を出版する機会を与えてくださり，完成までに多くの助言をいただいた共立出版株式会社の當山臣人氏，吉村修司氏に心より感謝いたします。

2023 年 1 月

著　者

目　次

第 5 章　プレゼンテーションソフトの使用法　— PowerPoint for Microsoft 365 —

第1章
コンピューターリテラシーとは

1-1 コンピューター教育の必要性

　現代社会においては，コンピューターを使いこなせるということは必要不可欠になってきています。教育・研究・業務などにおける文書は，ほとんどがワードプロセッサ用ソフトウェア（ワープロソフト）で作成されていますし，データ解析などには表計算ソフトが利用されています。また，研究発表や授業などでは，プレゼンテーションソフトを使用する機会が多くなってきています。さらに，近年利用者が急激に増加しているインターネットやコミュニケーションの道具としての電子メール（e-メール）は，情報伝達手段を劇的に変えつつあります。このように，コンピューターを道具として自由に使いこなす技術を**コンピューターリテラシー**といいます。

　こうした状況において，中学校・高等学校においてパーソナルコンピューター（パソコン）の入門的な授業が行われるようになってきていますが，まだまだ十分とはいえません。そこで，本書の目的は，大学に入学したばかりの1年生を対象に，ひと通りのコンピューターリテラシーを解説し，身に付けることにあります。

　最近のパソコンは，ひと昔前の大型コンピューターに匹敵する能力があるので，さまざまな用途に使用できますが，本書ではパソコンを有効利用するための基本的なシステムの1つであるWindows 11の操作法を解説した後，ワープロソフトによる文書作成，表計算ソフトによるデータ解析，プレゼンテーションソフトによる資料の作成およびインターネットとe-メールの使用法について説明します。

　また，インターネットの普及に伴い，コンピューターウイルスやネットワーク犯罪などさまざまな問題が急増しています。今後のネットワーク社会では，これらの問題に対する対処法を身に付けることも非常に重要です。このため，第6章で情報モラルと情報セキュリティについて説明します。

1-2　パソコンのハードウェア

　パソコンは基本的には，さまざまな計算や処理を行う**本体**，入出力の結果を表示するためのディスプレイ，データ入力のための**キーボード**で構成されています。また，画面に表示されたウィンドウやアイコンを操作するために**マウス**が用意されています。さらに，結果を紙に印刷する必要があるときには，**プリンタ**を利用します。

　さまざまなソフトのプログラムファイルや作成した文書ファイルなどは**ディスク装置**に保存します。ディスク装置は**記録媒体**または**メディア**とも呼ばれます。最も一般的なディスク装置には，パソコン本体に内蔵されている**ハードディスク**や SSD（Solid State Drive）があります。ハードディスクは回転する円盤に磁気でデータを読み書きしていますが，SSD は内蔵しているメモリチップにデータの読み書きをしています。このため，SSD には，衝撃による故障リスクが低い，読み書きの速度が非常に速い，動作音が静かなどの特長があるため，最近では広くパソコン本体の内蔵記録媒体として使われています。また，可搬性の記録媒体としては，最近は **USB メモリ**（Universal Serial Bus Memory）が一般的になってきており，比較的簡単にデータの受け渡しができるようになってきました。この USB メモリの使い方は§2-2-2 で説明します。この他にも，可搬性の記録媒体としては，**CD-R**（Compact Disc-Recordable）や **DVD-R**（Digital Versatile Disc-Recordable）などが使われています。

＜公共機関のパソコンを利用する際の注意＞

　大学や図書館などの公共機関で同じパソコンを何人かで共有する場合には，個人情報保護のために注意が必要です。自分で作成した文書ファイルなどは，いったんパソコン本体の内蔵記録媒体に保存して作業した後，パソコンの電源を切る前に，必ずネットワークドライブまたは USB メモリなどの個人用の記録媒体に保存し，ハードディスクに保存したファイルは削除するようにしてください。

1-3　パソコン用のソフトウェア

　ワープロソフトなどの**アプリケーションソフト**を動作させるためには，必ず**基本ソフト**が必要です。基本ソフトは**オペレーティングシステム**（Operating System：OS）とも呼ばれます。ここでは，Windows 11 を OS として解説します。

　Windows 11 は，Windows 10 の後継として 2021 年にマイクロソフト社が発売した OS で，パソコン用としては現在主流の OS です。現在販売されている多くのパソコンには Windows 11 が搭載されています。また，Windows 11 には優れたユーザー管理およびファイル管理機能が備わっているため，広く大学や企業などで使用されています。

　OS の上でさまざまなアプリケーションソフトのプログラムが動作するわけですが，本書では最もよく使用されている，以下のアプリケーションソフトについて説明します。

1. ワープロソフト

　ここでは，Microsoft 365 の Word を使用して，基本的な文書の作成・編集の方法を説明します。文書中に，図表や数式などを挿入することができるので，かなり複雑な文書も作成することができます。本書も，すべて Word を使用して作成しました。

2. 表計算ソフト

　ここでは，Microsoft 365 の Excel を使用します。Excel はパソコンの表計算ソフトとしてスタンダードな地位を占めています。初心者にもとっつきやすい割には奥が深く，相当複雑な計算や分析ができます。ここでは，簡単なデータの計算からデータのグラフ化や数値計算への応用などについて説明します。

3. プレゼンテーションソフト

　ここでは，Microsoft 365 の PowerPoint を使用します。最近では，研究発表や説明会などで PowerPoint が使われる機会が多くなってきています。使用法は比較的簡単なので，ぜひマスターしてください。

4. ブラウザ

　インターネット上で公開されているホームページを閲覧するためのソフトをブラウザといいます。ここでは，Windows 付属のブラウザである Microsoft Edge（Edge）の操作法について説明します。

5. メールソフト

　ここでは，Microsoft 365 の Outlook を使用します。Outlook は現在最も広く使用されているメールソフトです。

第 2 章

Windows 11 入門

　本章では，パソコンの OS の 1 つである Windows 11 の基本的な操作法について説明します。マウスやウィンドウの操作法を簡単に説明した後，ファイル管理の方法を解説します。また，付属のペイントというソフトを使用して簡単な絵を描いてみます。

2-1　Windows 11 の基本操作

2-1-1　マウスの使用法

　Windows 11 を操作するにはマウス操作に慣れる必要があります。マウスは，一般にキーボードの隣に置いて使用します。マウスは，手のひらで覆うように軽く乗せ，人差し指を左のボタンに，中指または薬指を右のボタンに乗せて操作します。このマウスを，上下左右に移動させるとパソコンの画面上にある矢印がマウスを移動させた方向に移動します。この矢印を**マウスポインタ**といいます(マウスポインタは矢印だけではなく，Ⅰや✛など，操作目的に応じた形に変化します)。

　マウスには通常 2 つのボタンが付いています。通常操作するときには左ボタンを使用します。マウス操作には，「**クリック**」「**ダブルクリック**」「**ドラッグ＆ドロップ**」という 3 つの操作があります。

　クリックは，マウスのボタンを 1 回だけ押す操作のことで，メニューの選択やボタン操作など "物事を指し示す" ときに使用します。マウスの左ボタンをクリックすることを左クリックといい，マウスの右ボタンをクリックすることを右クリックといいます。通常，クリックというと左クリックを意味しますので，以後クリックと表現するときは，左クリックであることを覚えてください。

　ダブルクリックとは，マウスの左ボタンを 2 回素早くクリックする操作のことで，アプリケーションソフトの起動や終了などの "動作をパソコンに要求するとき" に使用します。

　ドラッグ＆ドロップとは，マウスの左ボタンを押したままマウスを移動させ，目的の場

所でボタンを離す操作をいいます。ドラッグ（drag）とは，物を引きずるという意味で，画面上のオブジェクト（物）をつかんで引きずるといったイメージです。一方，ドロップ（drop）とは，つかんでいた物を落とすという意味で，ドラッグしたオブジェクトを目的の位置に落とすといったイメージです。

　さらに，最近では左ボタンと右ボタンの間に**ホイール**（wheel）が付いているマウスが一般的になってきています。このホイールを上下に回転すると，表示範囲を上下に**スクロール**することができます。ここでスクロールとは，ウィンドウの表示範囲を移動させ，画面に表示しきれていない部分を表示させることです。

2-1-2　Windows 11 の起動と終了

　パソコンの電源を入れると，ディスプレイには Windows 11 の起動画面が表示され，ユーザーID とパスワードの入力を促すメッセージが表示されます（パソコンの設定によっては何も表示されずに Windows 11 が起動する場合もあります）。

　まず，ユーザー名を入力します。帝京科学大学の学生の場合には，学籍番号の頭に小文字の s を付けたものがユーザー名として登録されています。次に，パスワードの欄にマウスポインタを移動してクリックするか Tab キーを押して，パスワード入力欄に**カーソル**（cursor）を移動します。ここでカーソルとは，ウィンドウ上で文字を入力できる位置を示す記号のことです。ここで，与えられたパスワードを入力します（パスワードは後で自由に変更できます）。パスワードを入力しても画面には「*」しか表示されません。これは，他人にパスワードを知られるのを避けるためです。パスワードを他人に知られてしまうと，悪用されてしまう場合もあるので，パスワードの管理には十分注意してください。

　次に，□ ボタンをクリックするか Enter キーを押します。以上の操作で，Windows 11 にログオンできます。ここで，**ログオン**とは，特定の個人がこのパソコンを使い始めるということです。

　Windows 11 へのログオンが完了すると，次のような**デスクトップ**画面が表示されます。

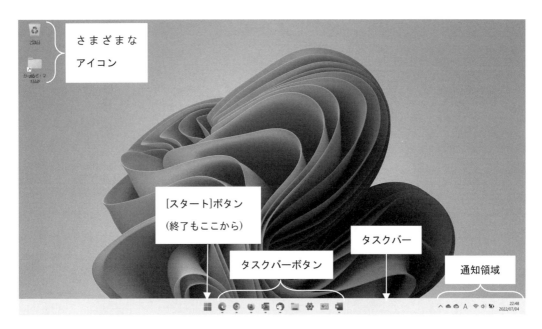

図 **2-1-1**　Windows 11 のデスクトップ画面

　デスクトップ上には，いくつかの**アイコン（icon）**が表示されています。これらのアイコンをダブルクリックすることによって，アプリケーションソフトを起動したりフォルダーを表示したりすることができます。

　デスクトップ下部には，**タスクバー**が表示されています。タスクバーにはいくつかの**タスクバーボタン**が表示されており，これらのボタンをクリックすることによりアプリケーションソフトの起動やウィンドウの切り替えができます。タスクバーボタンの左端には，**[スタート]ボタン**があり，このボタンからさまざまなアプリケーションソフトを起動したり，Windows を終了したりすることができます。

　また，タスクバー右端は**通知領域**と呼ばれ，Windows 起動時に自動的に起動した常駐プログラムのアイコンと現在の日時が表示されています。

　まず，[スタート]ボタンをクリックすると，次のような[スタート]メニューが表示されます。

図 2-1-2　[スタート]メニュー

　この[スタート]メニューからさまざまなプログラムを起動するわけですが，ここではまず Windows 11 の終了方法について説明します。Windows 11 を終了するには，[スタート]メニューにある[電源]ボタンをクリックし，[シャットダウン]をクリックします。

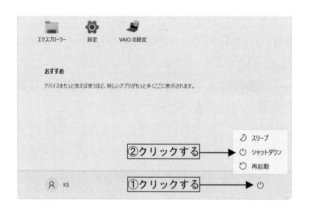

図 2-1-3　Windows のシャットダウン

　[シャットダウン]をクリックすると，自動的にパソコンの電源が切れます。この後，いくつかの手順を踏んでパソコンの電源が自動的に切れますので，途中でパソコン本体の電源ボタンを押したりしないでください。この手順通りに終了しないと，パソコンの中の重要

なファイルを破損する可能性がありますので，必ずこの手順に従ってパソコンの電源を切るようにしてください。

　また，パソコンを再起動したい場合は，図 2-1-4 に示すように[スタート]メニューの[電源]ボタンをクリックし，[再起動]をクリックします。

図 2-1-4 Windows の再起動

2-2 ファイル管理の基本操作

　パソコンで取り扱うことのできるデータは，すべてファイルという形式でパソコンの記憶装置内に蓄積されています。それぞれのファイルにはさまざまな役割が割り当てられていて，パソコン上で OS やさまざまなアプリケーションソフトがそれらのファイルを使用しています。特に，アプリケーションソフトを使用してユーザーが自分で作成した文書ファイルなどを適切に管理することは非常に重要です。ここでは，ファイルのコピーや移動などのファイル管理の基本操作を説明します。

2-2-1 エクスプローラーの使用法

　エクスプローラーは，パソコン内部のファイル構成を一覧表示するソフトで，ファイル管理に役立ちます。ここでは，エクスプローラーの簡単な使用法について説明します。

　通常，エクスプローラーを起動するには，タスクバーにある[エクスプローラー]のボタンをクリックします。

図 2-2-1 エクスプローラーの起動 (1)

　そうすると，次のようにエクスプローラーが起動し，よく使用するフォルダーや最近使用したファイルが表示されます。ここで，**フォルダー**とはいくつかのファイルをまとめたファイル入れのようなもので，同じ種類のファイルをフォルダーにまとめることによって，ファイルを効率よく整理することができます。

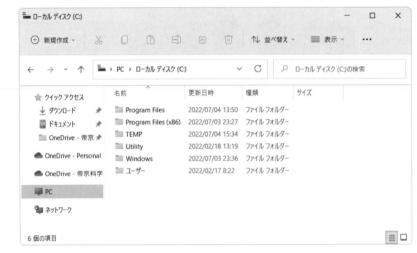

図 2-2-2　エクスプローラーの起動画面 (1)

　ここでは，「エクスプローラー」のウィンドウは画面中央付近に小さく表示されています。このウィンドウをデスクトップの画面いっぱいに表示するには，タイトルバーの右端にある[最大化]ボタンをクリックします。

図 2-2-3　ウィンドウを最大化する

　そうすると，このウィンドウが画面いっぱいに表示されます。ウィンドウが最大化された状態では，先ほどのボタンは次のような表示に変わります。

図 2-2-4　ウィンドウの大きさを元に戻す

　この状態で[元に戻す(縮小)]ボタンをクリックすると，ウィンドウが元の大きさに戻ります。

　また，マウスポインタをウィンドウの四隅のどこかに合わせると，マウスポインタの形が次のように変わります。

図 2-2-5　ウィンドウの大きさの変更

　この状態でドラッグすると，ウィンドウの大きさを自由に変更することができます。

　また，次の[最小化]ボタンをクリックすると，そのウィンドウを一時的にタスクバーの中に入れることができます。タスクバーの中に入った状態でもウィンドウ自体は閉じていませんので，アプリケーションソフトなどは起動中です。

図 2-2-6　ウィンドウを最小化する

　タスクバーに入ったボタンをクリックすると，ウィンドウを元の大きさに戻すことができます。これは，いくつものウィンドウを表示している状態で，目的のウィンドウに切り替えるときに便利な方法です。

　また，ウィンドウのタイトルバーの部分をドラッグすると，ウィンドウの表示位置を変えることができます。

　最後に，[閉じる]ボタンをクリックすると，そのウィンドウを閉じ，アプリケーションソフトを終了することができます。

図 2-2-7　ウィンドウを閉じる

　また，デスクトップには[ローカル C:¥TEMP]などのショートカットアイコンがある場合があります。

図 2-2-8　エクスプローラーの起動 (2)

　このようなアイコンをダブルクリックすると，図 2-2-9 のように，直接指定したフォルダーを開くことができます。

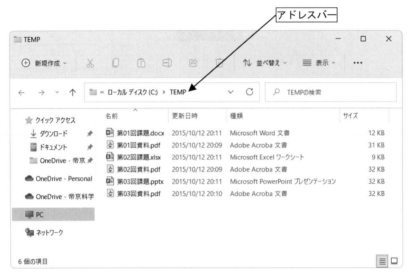

図 2-2-9 エクスプローラーの起動画面 (2)

　このウィンドウの左側にはいくつかのフォルダーが表示されていて，右側には現在のフォルダーの中に入っているフォルダーやファイルが表示されています。ウィンドウ上部には**アドレスバー**と呼ばれる領域があり，「ローカルディスク(C:) > TEMP」と表示されています。このように，このアドレスバーには，現在開いているフォルダーの位置が表示されます。

　図 2-2-9 では，「C:¥TEMP」というフォルダーが開いています。ここで，C:はドライブ名といわれているもので，ファイルを保存するディスクの名前を表しています。また，¥記号はフォルダー名の区切りを表しています。左側に表示されているフォルダーをクリックすると，開くフォルダーを変更することができます。

＜ファイルの表示形式の変更＞

　図 2-2-9 ではファイルが詳細表示されています。詳細表示では，ファイル名の他に，ファイルの更新日時や種類やサイズなども表示されます。ファイルの表示形式を変更するには，まず[表示]をクリックします。次に，たとえば[一覧]をクリックすると，図 2-2-10 のような表示に変わります。フォルダーの中に多くのファイルがあるときにはこちらの表示の方が全体を見渡しやすくなります。

図 2-2-10　ファイルの一覧表示

　また，フォルダーの中に画像ファイルが入っている場合は，図 2-2-10 で[特大アイコン]や[大アイコン]をクリックすると，それぞれのファイルが縮小表示されるため，ファイルの内容を確認しやすくなります。

＜フォルダーの新規作成＞

　また，ユーザーが自由にフォルダーを作成することができます。たとえば，C:¥TEMPというフォルダーの中に新しいフォルダーを作成するには，[新規作成]から[フォルダー]をクリックします。

図 2-2-11　新しいフォルダーの作成（1）

そうすると，新しいフォルダーが作成されますが，フォルダー名は"新しいフォルダー"
となっています。

図 2-2-12 新しいフォルダーの作成 (2)

この状態では自由にフォルダー名が入力可能ですので，たとえばフォルダー名としてキ
ーボードから資料と入力し，Enter キーを押します。

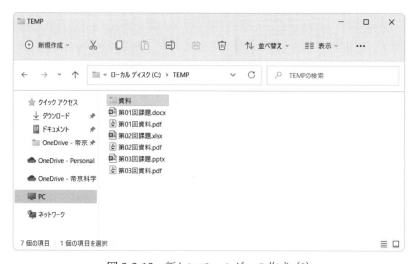

図 2-2-13 新しいフォルダーの作成 (3)

＜ファイルの移動＞

次に，ファイルをフォルダーに移動するには，まず移動したいファイルにマウスポイン
タを合わせてクリックし，ファイルを選択します。複数のファイルを選択するときには，

Ctrl キーを押しながら，マウスをクリックしていきます。たとえば，"第01回資料.pdf"，"第02回資料.pdf"，"第03回資料.pdf"という3個のファイルを選択するには，まず，"第01回資料.pdf"をクリックした後，Ctrl キーを押しながら，"第02回資料.pdf"と"第03回資料.pdf"をクリックします。

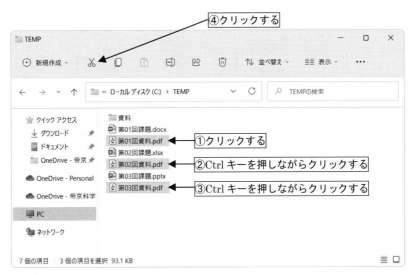

図 2-2-14　複数のファイルの選択と切り取り

ファイルの選択が終わったら，[切り取り]ボタンをクリックします。切り取ったファイルは一時的に**クリップボード**という場所に保存されます。クリップボードとは，パソコンのメモリ上の一部分で，[切り取り]や[コピー]した内容が一時的に記憶される場所です。次に，資料というフォルダーをダブルクリックして資料フォルダーへ移動した後，

図 2-2-15　ファイルの移動 (1)

[貼り付け]ボタンをクリックします。このような操作で，資料のファイルが資料フォルダ
ーへ移動できます。

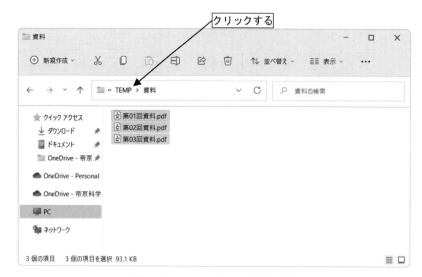

図 2-2-16　ファイルの移動 (2)

　さらに，アドレスバーの TEMP をクリックして C:¥TEMP フォルダーへ移動した後，
同様の操作で課題というフォルダーを作成します。

図 2-2-17　ファイルの移動 (3)

　次に，"第 01 回課題.docx"から"第 03 回課題.pptx"の 3 つのファイルを選択するのです
が，今度はファイルが連続していますので，"第 01 回課題.docx"をクリックした後，Shift
キーを押しながら"第 03 回課題.pptx"をクリックすると，3 つのファイルを簡単に選択で

きます。

図 2-2-18 複数ファイルの選択

先ほどはいったんファイルを切り取ってからフォルダーを移動して貼り付けたのですが，マウスでドラッグ＆ドロップした方が簡単にファイルを移動できます。

図 2-2-19 ファイルの移動 (4)

選択したファイル上でマウスの左ボタンをクリックしたまま，課題フォルダーへドラッグしてマウスのボタンを離すと，選択した 3 つのファイルを簡単に課題フォルダーへ移動することができます。

図 2-2-20　ファイルの移動 (5)

＜ファイルのコピー＞

　今はファイルを移動しましたが，ファイルをコピーするときには，図 2-2-14 で[コピー]ボタンをクリックします。後の手順は同じです。

　実は，ファイルの移動やコピーにはここで説明した方法以外にも，マウスの右クリックを用いる方法やキーボードショートカットを用いる方法などがあります。パソコンの操作に慣れてきたら，いろいろな方法を試してみてください。

＜ファイル名の変更＞

　次に，課題フォルダーをダブルクリックし，課題フォルダーへ移動します。

図 2-2-21　表示フォルダーの変更

　一度作成したファイルの名前を変更するには，変更したいファイルをクリックして，［名前の変更］ボタンをクリックします。たとえば，図 2-2-22 のように"第 01 回課題.docx"というファイルをクリックし，［名前の変更］をクリックします。

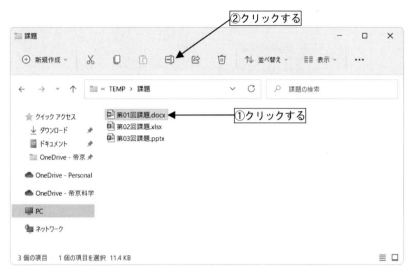

図 2-2-22　ファイル名の変更 (1)

　そうすると，図 2-2-23 のように，「第 01 回課題」の部分が反転表示されます。

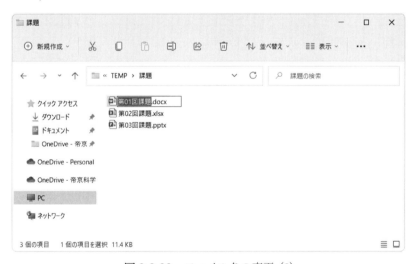

図 2-2-23　ファイル名の変更 (2)

　この状態で矢印キーを操作して，たとえば第 01 回課題の後に「提出」とキーボードから入力し，Enter キーを押すと，"第 01 回課題.docx"というファイル名が"第 01 回課題提出.docx"に変更できます。

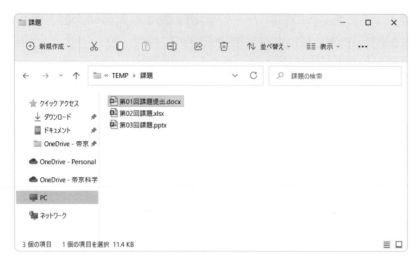

図 2-2-24　ファイル名の変更 (3)

　同様の操作で，フォルダー名も変更できます。

＜ファイルやフォルダーの削除＞

　次に，作成したファイルやフォルダーを削除するには，まず，削除したいファイルやフォルダーを選択します。先ほどと同じように，Ctrl キーを押しながらマウスをクリックすると，複数のファイルやフォルダーを選択できます。ここでは，C:¥TEMP に作成した 2 つのフォルダーを選択します。

図 2-2-25　削除するフォルダーの選択

　このように選択した状態で Delete キーを押すと，選択したファイルやフォルダーを「ご
み箱」に移動します。このように，ファイルやフォルダーを削除する場合には，通常はい
ったん「ごみ箱」に移します。「ごみ箱」を空にしない限り，そのファイルやフォルダーは
「ごみ箱」の中に残っています。こうしておくと，後でそのファイルやフォルダーが必要
になったときに，「ごみ箱」から戻すことができます。ただし，「ごみ箱」の容量には限り
がありますので，「ごみ箱」がいっぱいになったら，古いファイルから自動的に削除されま
す。
　「ごみ箱」のアイコンは，デスクトップにあります。

図 2-2-26　　「ごみ箱」のアイコン

　このアイコンをダブルクリックすると，「ごみ箱」に入っているファイルやフォルダーが
表示されます。

図 2-2-27　　「ごみ箱」の中身

　ここで，間違って削除してしまったファイルを「ごみ箱」から元に戻すことができます。
また，図 2-2-27 で[ごみ箱を空にする]をクリックすると，「ごみ箱」を空にしてファイルを
完全に削除することができます。
　最後に，[閉じる]ボタンをクリックして，「ごみ箱」とエクスプローラーのウィンドウを
閉じます。

2-2-2　USB メモリの使用法

　次に，パソコンのハードディスクの C:¥TEMP にあるファイルを USB メモリにコピーする方法を説明します。§2-2-1 で説明したように，同じドライブ内（この場合はハードディスク C: 内）でファイルやフォルダーをマウスでドラッグ&ドロップすると，ファイルやフォルダーは移動されます。一方，異なるドライブ間（この場合はハードディスク C: と USB メモリ D:）でファイルやフォルダーをマウスでドラッグ&ドロップすると，ファイルやフォルダーはコピーされます。同じ操作を行っても移動される場合とコピーされる場合がありますので，注意してください。

　USB メモリをパソコンに接続してエクスプローラーで開くと，たとえば次のように表示されます。

図 2-2-28　USB メモリの内容の表示

　まず，デスクトップにある[ローカル C:¥TEMP]というアイコンをダブルクリックしてエクスプローラーで C:¥TEMP の内容を表示し，先ほどの USB メモリのウィンドウと重ならない位置に移動します。この状態で，たとえば C:¥TEMP にある 6 個のファイルを選択し，次の図に示すように，C:¥TEMP のウィンドウから USB メモリのウィンドウへマウスでファイルをドラッグ&ドロップします。

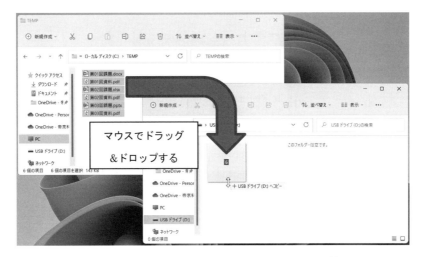

図 2-2-29 USB メモリへのファイルのコピー (1)

このような操作で，C:¥TEMP にあるファイルが USB メモリへコピーされ，次の図のように表示されます。

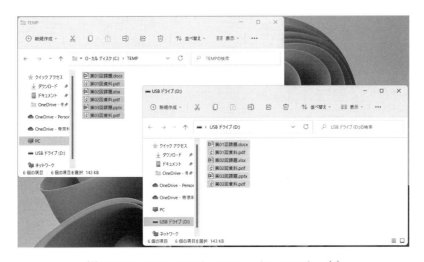

図 2-2-30 USB メモリへのファイルのコピー (2)

ここでは USB メモリへのファイルのコピーについて説明しましたが，SD メモリカードやネットワークフォルダーなどの他のドライブへのコピーも同様の操作で可能です。

コピーが終わったら USB メモリをパソコンから取り外すのですが，いきなり取り外すと，USB メモリの中のファイルが壊れる可能性があります。必ず以下に説明する手順に従って取り外してください。まず，次の図に示すように，通知領域の ^ ボタンをクリックし，[ハードウェアの安全な取り外し]ボタンをクリックします。

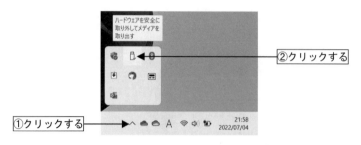

図 2-2-31 USB メモリの取り外し (1)

さらに, 「USB Flash Disk の取り出し」というメッセージをクリックします。

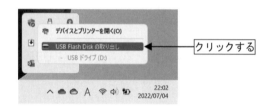

図 2-2-32 USB メモリの取り外し (2)

以上の操作を行い, 次の図のような「ハードウェアの取り外し」というメッセージが表示されてから, USB メモリを取り外します。

図 2-2-33 USB メモリの取り外し (3)

2-3 絵を描いてみよう

Windows 11 には, 標準でペイントというお絵かきソフトが付属しています。このソフトを使用すると, 簡単な絵を描くことができます。描いた絵はワープロ文書などに貼り付けることができます。ここでは, 画像ファイルの新規作成からその保存までをひと通り体験します。ペイントを起動するには, [スタート]メニューから[すべてのアプリ]→[ペイント]をクリックします。

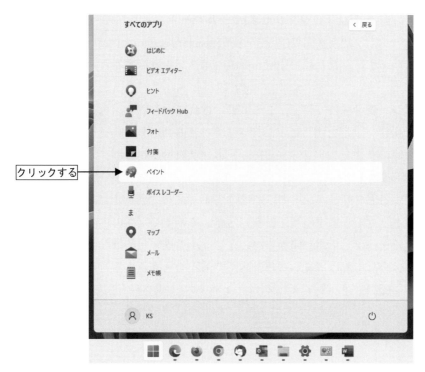

クリックする →

図 2-3-1 ［ペイント］の起動

ペイントが起動すると，次のようなウィンドウが開きます。

［クイックアクセス］ツールバー | タイトルバー

タブ

リボン

図 2-3-2 ペイントの起動画面

　画面上部の**タイトルバー**には作成中の文書名とソフトウェア名が表示されています。また，タイトルバーの左には**[クイックアクセス]ツールバー**が表示されています。[クイックアクセス]ツールバーには，初期状態では[上書き保存]と[元に戻す]と[やり直し]の3つのボタンが表示されていますが，ここによく使う機能のボタンを登録すると，すばやく操作することができます。

　この下には**リボン**が表示されていて，ここに表示されているボタンをクリックすることによりさまざまな操作や設定をすることができます。現在は，[ホーム]という**タブ**が選択されていますが，他のタブをクリックすると，リボンに表示されるボタンは変化します。

　起動時には[ブラシ]ボタンがクリックされた状態になっていますので，キャンバス上でマウスをドラッグするとフリーハンドで絵が描けます。また，色を変えたりさまざまな図形を描いたりすることもできますので，いろいろ試してみてください。

　最後に，描いた絵を保存します。保存しないとせっかく描いた絵はなくなってしまいますが，ファイルに保存しておけば後から読み込んで何回でも修正することが可能です。ファイルを保存するには，[クイックアクセス]ツールバーの[上書き保存]ボタンをクリックします。

図 2-3-3　上書き保存

　はじめて保存するときには，このボタンをクリックすると図 2-3-4 のようなダイアログボックスが表示されます（[ファイル]タブから[名前を付けて保存]をクリックしても，同じダイアログボックスが開きます）。

図 2-3-4　ファイルの保存 (1)

　保存先が **C:¥TEMP** となっていることを確認します。ファイル名は，現在は「タイトルなし.png」となっていますが，自分の好きな名前に変更してかまいません。たとえば，ファイル名として「お絵描き」と入力して，[保存]ボタンをクリックします。

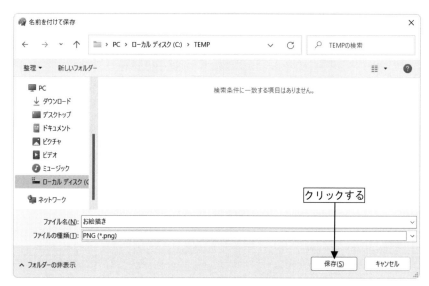

クリックする

図 2-3-5　ファイルの保存 (2)

　実際に，エクスプローラーでローカル **C:TEMP** を開いてみると，次の図のように「お絵描き.png」というファイル名で保存されていることがわかります。

図 2-3-6 ファイルの保存 (3)

　ここで，ファイル名として「お絵描き」と入力したわけですが，この後ろに自動的に .png という文字が付け加えられます。このピリオドの後の文字は**拡張子**と呼ばれ，そのファイルがどのようなアプリケーションソフトで作成されたか，またはどのような機能を持つものであるのかを表しています。ペイントで作成されたファイルには，特に指定しない限り，png という拡張子が付けられます。また，画像ファイルの種類には他にも BMP や JPG などの種類があり，これらのファイルの拡張子はそれぞれ bmp や jpg などとなります。主なファイル形式の拡張子を**付録V**に示します。

　このように，ファイルの種類を区別する際に，拡張子は重要な役割を果たします。しかし，エクスプローラーでファイルを一覧表示したとき，初期状態ではファイルの拡張子を表示しない設定になっています。エクスプローラーでファイルの拡張子を表示するには，メニューバーの[表示]から[ファイル名拡張子]にチェックを付ける必要があります。

図 2-3-7 エクスプローラーでファイルの拡張子を表示する設定

　最後に，ペイントを終了するには，他の Windows アプリケーションソフトと同じように，タイトルバーの右端にある[閉じる]ボタンをクリックします。

　また，一度保存したファイルは，通常はエクスプローラーで表示されているファイルをダブルクリックすることで関連付けられたアプリケーションソフトで開くことが可能ですが，この場合は拡張子 png がフォトアプリに関連付けられているため，フォトアプリが起動してしまいます。そこで，ペイントでこのファイルを開くためには，図 2-3-8 に示すように，エクスプローラーで表示されているファイルを右クリックし，[プログラムから開く]をクリックして，ペイントをクリックします。

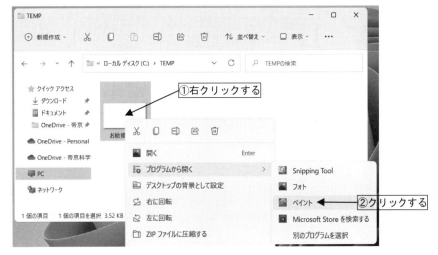

図 2-3-8 意図したプログラムからファイルを開く

　保存したファイルを開く別の方法としては，再度ペイントを起動してからファイルを開く方法もあります。ペイントを起動して，[ファイル]タブの[開く]をクリックします。

図 2-3-9　ファイルを開く（1）

　そうすると，次のようなダイアログボックスが開きますので，ファイルの一覧から「お絵描き.png」をクリックし，[開く]ボタンをクリックします。

図 2-3-10　ファイルを開く（2）

これらの方法で，前回保存したファイルをペイントで開くことができます。このように，

パソコンを使用して絵や文書などを作成すれば，とりあえず作成しておいたものを，後から何回でも修正や加工ができます。これがパソコンを使用することの利点の1つです。

演習問題 2

2-1 ペイントを起動して，なんでも好きな絵を描きなさい。

2-2 描いた絵をハードディスクの C:¥TEMP に「お絵描き.png」というファイル名で保存しなさい。(操作を間違えると，せっかく描いた絵が消えてしまう可能性もありますので，時々保存することを勧めます。最初にファイルに保存するときは，「ファイル名を指定して保存」する必要がありますが，2 回目からは[クイックアクセス]ツールバーの[上書き保存]ボタンをクリックすると，何もメッセージが表示されずに上書き保存されます。)

2-3 最後に，エクスプローラーを使用して，このファイルをネットワークドライブ上の自分のフォルダーにコピーしなさい。

<注 1>

このように，ファイルをいったんハードディスクに保存しておくと，ファイルの読み書きが高速であるため，特に何回もファイルを読み書きする場合には，作業が快適になります。そして，作業の最後に 1 回だけネットワークフォルダーや USB メモリにコピーして，終了するようにしてください。

<注 2>

ただし，同じパソコンを何人かで共有する場合には注意が必要です。帝京科学大学の演習室のパソコンでは，ハードディスクの C:¥TEMP というフォルダーに保存したファイルは，次回起動時にすべて消去されてしまう設定になっています。また，パソコンが途中でハングアップしてしまうと，せっかく作成したファイルがなくなってしまう可能性があります。このため，確実に保存したいファイルは，ネットワークフォルダーや USB メモリに保存してください。

第 3 章

ワープロソフトの使用法
— Word for Microsoft 365 —

　本章では，代表的なワープロソフトである Word の使用法について説明します。ワープロソフトは清書の道具ではなく，本質的には推敲の道具です。何回でも書き直しができるので，気軽に文書を書き始めることができます。また，一度作成した文書は何回でも再利用が可能です。これらのことから，ワープロソフトなしで文書を作成するということは考えられないほどになってきています。

　ここでは Word を使って，ワープロソフトの基本である文書編集・文字装飾・レイアウト・図表の作成法などについて説明しますが，これらの操作法は他のワープロソフトを使う場合でもほとんど同じなので，しっかり身に付けてください。

3-1　Word の起動

　Word を起動するには，まず，[スタート]ボタンをクリックし，[スタート]ボタンの上に[Word]が表示される場合は，これをクリックします。

図 3-1-1 Word の起動 (1)

ここに表示されない場合は，[すべてのアプリ]→[Word]の順にクリックします。

図 3-1-2 Word の起動 (2)

Word を起動すると，次のような Word のスタート画面が表示されます。

図 3-1-3　Word のスタート画面

ここで[白紙の文書]をクリックすると，次のような画面が表示されます。

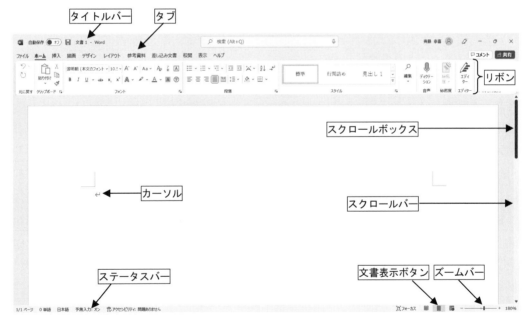

図 3-1-4　Word の画面構成

　画面上部の**タイトルバー**には作成中の文書名とソフトウェア名が表示されています。タイトルバーの下には**リボン**が表示されていて，ここに表示されているボタンをクリックすることによりさまざまな操作や設定をすることができます。現在は，[ホーム]という**タブ**が表示されていますが，[挿入]や[デザイン]などの他のタブをクリックすることにより，リ

ボンに表示されるボタンは変化します。

　文書編集画面には**カーソル**が表示されています。カーソルは，文字入力が可能な位置を示しています。

　画面右側には**スクロールバー**があり，**スクロールボックス**をドラッグすることで文書の表示位置を上下に移動させることができます。

　画面左下には**ステータスバー**に作業中の文書や選択しているコマンドの状態が表示されています。また，画面右下には**文書表示ボタン**と**ズームバー**が表示されていて，ここではそれぞれ文書の表示の切り替えと表示倍率の変更ができます。

3-2　キーボードと日本語入力

3-2-1　漢字を入力するには

　パソコンで日本語を入力する場合，アルファベットを使用してローマ字入力を行う**ローマ字入力モード**と，かなを直接キーボードから入力する**かな入力モード**の2つのモードがあります。ローマ字入力モードでは，ローマ字で入力してからローマ字・漢字変換をします。これに対して，かな入力モードでは，キーボードに表記されているかな文字をそのまま入力していきます。

　ローマ字入力の方が手間がかかりそうに見えますが，まずはローマ字で入力する方法を身に付けてください。この理由は，ローマ字入力の方が覚えるべきキーの数が少ないことと，英文文書やプログラムの作成ではアルファベットを入力する必要があるからです。さらに，特殊な「かなキー」配列のキーボードがあるので，機種によっては「かなキー」の配列が異なる場合があります。一方，アルファベットの配列は，英文タイプライターのキー配列（QWERTY 配列と呼ばれる）をそのまま採用しており，世界中どこでも同じ配列になっていますので，どのキーボードを使用しても同じように操作できます。

　ローマ字入力で，たとえば「日本語」と入力するためには，キーボードの入力モードをまずローマ字入力モードにします（通常は Word を起動すると，自動的にこのモードになっています）。ローマ字入力モードでは，画面右下の通知領域には図 3-2-1 のように「あ」と表示されます。

あ　🛜 ◁» 🔋　23:21 2022/07/18 ☾

図 3-2-1　通知領域（ローマ字入力モード）

　キーボード左上にある 半角/全角 キーを押すと，言語バーの表示は図 3-2-2 のようになり，半角英数字入力モードになります。

図 3-2-2　通知領域（半角英数字入力モード）

　もう一度 半角/全角 キーを押すと，言語バーの表示は図 3-2-1 のローマ字入力モードに戻ります。

　ローマ字入力モードで，キーボードから「nihongo」と入力します（ここでは小文字で表記しましたが，大文字で入力してもかまいません）。そうすると図 3-2-3 のように，ひらがなで「にほんご」と表示されます。

図 3-2-3　日本語の入力 (1)

　これは入力文字が未確定の状態であることを表しています。ここで Space キーを押すと，漢字に変換されます。正しく変換できたら，Enter キーで確定します。

図 3-2-4　日本語の入力 (2)

　このように，日本語の文章を入力するということは，まず入力したい語句の読みをローマ字で「入力」して，Space キーで「変換」し，変換したい文字が画面に表示されたら Enter キーで「確定」することの繰り返しです。

　入力を間違えてしまったときには，Delete キーまたは Back space キーを押して，間違えた文字を消します。Delete キーではカーソルの右側の文字を削除するのに対して，Back space キーではカーソルの左側の文字を削除します。適宜使い分けてください。

　また，Word を起動した直後には，文字入力のモードは**挿入モード**になっているので，点滅しているカーソルの右側に入力した文字が挿入されていきます。Insert キーを押すと，文字入力のモードが**上書モード**に切り替わります。このモードでは，カーソルの右側にすでに入力されている文字がある場合は，新しく入力した文字がそれらの文字の上に上書されます。もう一度 Insert キーを押すと，挿入モードに戻ります。意識せずに Insert キーを押してしまって上書モードになってしまった場合には，もう一度 Insert キーを押して挿入モードに戻してください。

3-2-2　拗促音を入力するには

　拗促音（ようそくおん）とは，「ぁぃぅぇぉゃゅょっ」などの音のことです。こうした拗促音もすべてローマ字に置き換えて入力します。

　たとえば，ローマ字入力モードで「コンピューター」と入力したいときには，キーボードから「conpyu-ta-」と入力し，変換します。また，「ヴァイオリン」と入力したいときには，キーボードから「vaiorin」と入力し，変換します。このような拗音を含む文字のローマ字表記の一覧表を巻末の**付録Ⅲ**に添付しますので参照してください。ローマ字に置き換えるのが面倒なときには，キーボードの l （エル）または x （エックス）のキーを押すことで拗促音を入力することができます。たとえば，「li」または「xi」とタイプすることで，「ぃ」を入力できます。ですから，「ディスク」と入力したいときには，キーボードから「dhisuku」と入力するか，「delisuku」または「dexisuku」と入力すればよいわけです。

　また，促音の「っ」を入力するには，「っ」を入力したいところで，子音のキーを2回押します。たとえば，「ネットワーク」と入力するには，「nettowa-ku」と入力し，変換します。

3-2-3　カタカナを入力するには

　上に書いたような一般的な外来語については，変換のためのキー（ Space キー）でカタカナに変換することができます。しかし，辞書にないカタカナ語については，読みを入力した後で，ファンクションキーの F7 を押すことで，強制的にカタカナ変換することができます。

　また，半角のカタカナを入力するためには，読みを入力した後でファンクションキーの F8 を押します。しかし，半角のカタカナは e-メールやホームページなどでは文字が化けてしまい読めなくなってしまうため，できるだけ使用しないことをお勧めします。

3-2-4　アルファベットを入力するには

　アルファベットを直接入力するときには，日本語入力をオフにします。このためには， 半角/全角 キーを押します。日本語入力がオフの状態では，キーボード上に表示されているアルファベットが直接入力できます。

　また，アルファベットの大文字を入力するためには， Shift キーを押しながらアルファベットキーを押します。または， Shift キーを押しながら Caps Lock キーを押すことにより，大文字入力に固定されるので，大文字入力が続くときにはこのモードが便利です。この状態で Shift キーを押しながらアルファベットキーを押すと小文字で入力できます。

　いちいち日本語入力をオン／オフするのが面倒なときには，日本語入力がオンの状態で文字を入力し，ファンクションキーの F9 を押すことで，強制的にアルファベットに変換することができます。たとえば，「かんじ」と入力し未確定の状態で F9 キーを押すと，「k ａｎｊｉ」と入力できます。

　ただし，こうして入力したアルファベットは全角文字になりますので，通常の半角アルファベットを入力したいときには，F9キーを押した後F8キーを押します。つまり，「kanji」と入力するためには，「かんじ」とローマ字入力してF9キーを押し，続けてF8キーを押します。

3-2-5　1回で変換できないときには

　読みから漢字に変換したときに，同音異義語の多い単語では，1回目の変換で希望する文字が表示されないことがあります。このときには，変換のためのキー（Spaceキー）を何回か続けて押して，同じ読み方の中から目的の漢字を選択します。たとえば，「かいせつ」と入力してSpaceキーを押すと，「解説」という漢字に変換されます（実際には，使っているパソコンによって，変換候補の一覧に表示される漢字の順番は異なります）。もう1回Spaceキーを押すと，「かいせつ」という読みで変換できる漢字の一覧が表示されます。

図 3-2-5　同音異義語の入力

　ここでSpaceキーを押すと次の変換候補に移動しますので，何回かSpaceキーを押して希望する漢字を選択し，入力していきます。日本語入力では学習機能が働きますので，一度漢字を確定すると，次に同じ読みで変換する場合，優先的に表示されるようになります。この機能のために，使い込むほど変換効率がよくなり，日本語入力が快適になります。

　以上，説明した文字入力におけるキー操作を**付録Ⅳ**にまとめましたので，必要に応じて参照してください。

3-2-6　かっこなどの簡単な記号を入力するには

　かっこを入力するには，Shiftキーを押しながらキーボード上段の8キー（キーの表面の左上に"("が印字されているキー）を押します。日本語入力がオンの状態では全角のかっこが入力されるので，半角のかっこを入力したいときには，ここでファンクションキーの

F8 を押します。このようなキーボードに印字されている簡単な記号は，Shift キーを押しながらキーを押すことで入力できます。

　また，「かっこ」と入力して変換すると，さまざまな種類のかっこが変換候補として出てくるので，希望のかっこを選択してください。

3-2-7　読めない漢字や記号を入力するには

　MS-IME を日本語入力として使用している場合には，読めない漢字や記号を入力するのに IME パッドと呼ばれる便利な方法があります。IME パッドを使用するには，言語バーの「あ」の文字を右クリックしてから[IME パッド]をクリックします。

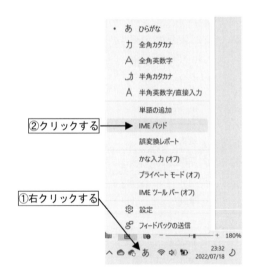

図 3-2-6　IME パッドの起動

そうすると，次のような IME パッドが開きます。

図 3-2-7　IME パッド – 手書き

左側の「ここにマウスで文字を描いてください。」と表示されているところにマウスで文

字を描くと，それに近い文字候補が右のウィンドウに表示されます。これらの候補の中から目的とする漢字を探してクリックすると，その漢字を入力することができます。

　また，IME パッドの左側のボタンをクリックすると，たとえば図 3-2-8 の「総画数」や図 3-2-9 の「部首」などが表示されます。これらの IME パッドを使うと，読むのが難しい漢字や特殊記号を入力することができます。

図 3-2-8　IME パッド − 総画数

図 3-2-9　IME パッド − 部首

3-3　文書作成の基本操作

　よい文章を書くためには，何回も推敲を重ねることが必要です。このためには，文字の移動やコピーといった操作が基本になります。

3-3-1　文字を移動するには

　文字の移動には，大きく分けて 2 つの方法があります。以下にそれぞれについて説明します。

＜移動の方法①　【カット＆ペースト】＞

　まず，移動したい領域を選択する必要があります。このためには，図 3-3-1 のようにドラッグして文字を選択します。選択された文字は反転表示されます。

　　　　　　　ワープロソフトは本質的には清書の道具ではなくて推敲の道具です。

図 3-3-1　文字の移動（1）

　領域が選択できたら，リボンの[ホーム]タブにある[切り取り]ボタンをクリックします。

図 3-3-2　文字の移動（2）

　または，指定した領域内にマウスポインタを置いて右クリックし，[ショートカット]メニューから[切り取り]をクリックします。

図 3-3-3　文字の移動（3）

　この操作によって，選択された部分は切り取られて図 3-3-4 のようになります（実はこのとき，切り取られた文字はパソコンのメモリ上の**クリップボード**に一時的に保管されます）。

　　　　　　　ワープロソフトは清書の道具ではなくて推敲の道具です。

図 3-3-4　文字の移動（4）

　次に，切り取った文字を貼り付ける位置にカーソルを移動してから，リボンの[ホーム]タブにある[貼り付け]ボタンをクリックします。

図 3-3-5　文字の移動（5）

　または，切り取った文字を貼り付ける位置でマウスを右クリックして[ショートカット]メニューの[貼り付けのオプション]の[元の書式を保持]をクリックします。

図 3-3-6　文字の移動 (6)

　そうすると，先ほど切り取った文字が元の書式のまま貼り付けられます。以上の操作によって，図 3-3-7 のように文字を移動することができます。貼り付ける際に，[貼り付けのオプション]の[書式を結合]または[テキストのみ保持]をクリックすると，貼り付け先の書式に結合したり，書式のないテキストのみを貼り付けたりすることができます。

ワープロソフトは清書の道具ではなくて本質的には推敲の道具です。

図 3-3-7　文字の移動 (7)　　　[貼り付けのオプション]ボタン

　また，図 3-3-7 のように，貼り付けた直後には[貼り付けのオプション]ボタンが表示されます。このボタンをクリックすると，図 3-3-8 のように，[元の形式を保持]，[書式を結合]，[図]，[テキストのみ保持]というオプションが表示されます。現在は，[元の形式を保持]が選択されていますので，貼り付ける前の書式がそのままコピーされていますが，ここで[書式を結合]または[テキストのみ保持]をクリックすると，[貼り付けのオプション]を変更することができます。これらのオプションは，必要に応じて使い分けてください。

図 3-3-8　文字の移動 (8)

　このように切り取ってから貼り付けるので，この方法を**カット＆ペースト**といいます。
　もし操作を間違えたときには，図 3-3-9 に示すように，リボンの[ホーム]タブの左上にある[元に戻す]ボタンをクリックすれば元に戻ります。

図 3-3-9　元に戻す

＜移動の方法②　【ドラッグ＆ドロップ】＞

　もっと直感的な操作方法としては，**ドラッグ＆ドロップ**という方法があります。この方法では，文字を選択した後，図 3-3-10 に示すように選択した領域にマウスポインタを合わせてドラッグします。

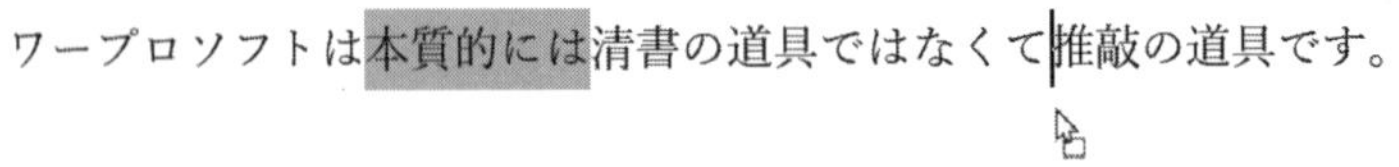

ワープロソフトは本質的には清書の道具ではなくて推敲の道具です。

図 3-3-10　文字の移動 (9)

　移動したいところまでドラッグしたら，ドロップします。この方法を使用すると簡単に文字の移動ができます。

3-3-2　文字をコピーするには

＜コピーの方法①　【コピー＆ペースト】＞

　まず，図 3-3-1 のようにコピーしたい文字をドラッグして選択します。領域が選択できたら，リボンの[ホーム]タブにある[コピー]ボタンをクリックします。

図 3-3-11　文字のコピー (1)

　または，指定した領域内にマウスポインタを置いて右クリックし，［ショートカット］メニューの[コピー]をクリックします（実はこのとき画面の表示は変わりませんが，コピーされた文字はクリップボードに一時的に保管されています）。

図 3-3-12　文字のコピー (2)

　次に，コピーした文字を貼り付ける位置にカーソルを移動します。ここで，図 3-3-5 のようにリボンの[ホーム]タブにある[貼り付け]ボタンをクリックするか，図 3-3-6 のようにマウスを右クリックしてから[ショートカット]メニューの[貼り付け]をクリックすると，先ほどコピーした文字が貼り付けられます。

ワープロソフトは本質的には清書の道具ではなくて本質的には推敲の道具です。

図 3-3-13　文字のコピー (3)

　クリップボードには先ほどコピーした文字が保管されていますので，別の位置で貼り付けをすると同じ文字が何回でもコピーできます。

＜コピーの方法② 【ドラッグ＆ドロップ】＞
　ドラッグ＆ドロップでコピーする方法もあります。移動する場合には，単にドラッグすればよかったのですが，コピーする場合には Ctrl キーを押しながらドラッグします。移動したいところまでドラッグしてドロップすれば，簡単にコピーすることができます。

3-4　ファイルの保存と読み出し

3-4-1　文書を保存するには
　Word で作成した文書は Word を終了する前に必ず保存します。もし，保存しないで Word を終了してしまうと，作成された文書はすべて失われてしまいます。
　文書を保存するには，タイトルバーの[上書き保存]ボタンをクリックします。

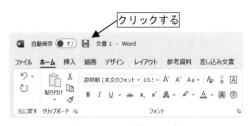

図 3-4-1　上書き保存

　そうすると次のような画面になります（[ファイル]タブから[名前を付けて保存]をクリックしても，同じ画面になります）。

図 3-4-2　名前を付けて保存（1）

　ここで[場所を選択]の右側の▼をクリックして，[参照]をクリックすると，次のようなダイアログボックスが表示されます。

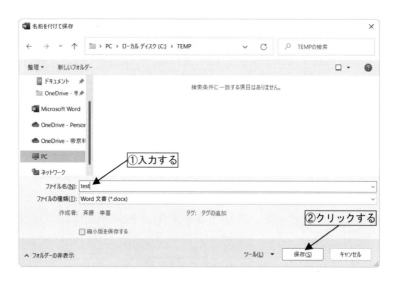

図 3-4-3　名前を付けて保存（2）

　保存先がローカルディスク(C:)>TEMP になっていることを確認してから，ファイル名としてたとえば test と入力して，[保存]ボタンをクリックします。

　ここでは，test と入力しましたが，Word 文書の場合には**拡張子**（ファイル名に続く"."

の後ろの文字) は通常は docx となります。ですから，test とだけ入力して[保存]ボタンをクリックすると，ファイル名は自動的に test.docx となります。

　この例のように，はじめて保存するときには上のようなダイアログボックスが開きますが，2回目以降に[保存]ボタンをクリックするときには自動的に「上書き保存」されるので，ダイアログボックスは表示されません。

　エクスプローラーでローカルディスク(C:)TEMP を開くと，文書が正常に保存されていることが確認できます。

図 3-4-4　保存したファイルの確認

3-4-2　保存してある文書を開くには

　図 3-4-4 のようにエクスプローラーでファイルを表示している場合は，ファイル名をダブルクリックすることにより，ファイルを開いて再び Word で編集することが可能になります。

　保存したファイルを開く別の方法としては，新しく Word を起動した際，[最近使ったアイテム]に表示されているファイル名をクリックする方法もあります。

図 3-4-5　ファイルを開く

3-5 印刷プレビューと印刷

　作成した文書を印刷する前には，必ず印刷プレビューを行いましょう。印刷プレビューをすると，出力イメージがそのまま画面上に表示できますので，文章や配置の間違いなどをチェックすることができます。

　印刷プレビューと印刷を行うには，リボンの[ファイル]タブから[印刷]をクリックします。

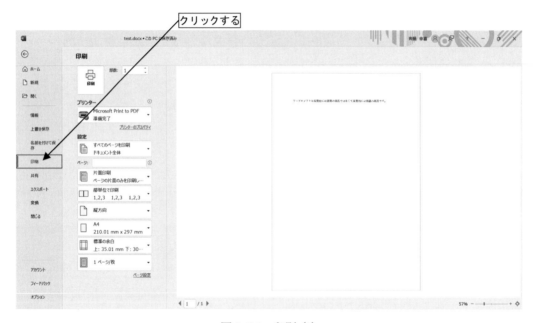

図 3-5-1　印刷（1）

　そうすると，画面右側に印刷プレビューが表示されます。左側の設定のボタンで印刷するページの指定や余白の設定などを行った後，実際に印刷するには，[印刷]ボタンをクリックします。

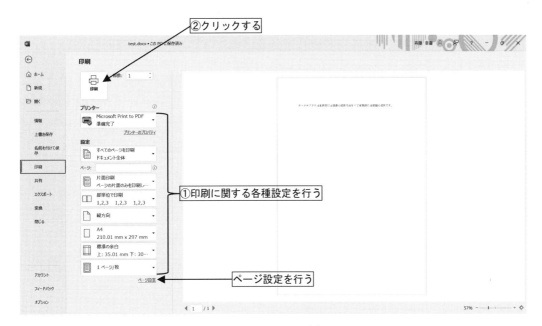

図 3-5-2　印刷（2）

　また，図 3-5-2 の各種設定ボタンの下には**ページ設定**と表示されています。ここをクリックすると印刷に関するさらに詳細な設定ができます。これについては§3-6-5 で説明します。

3-6　書式とレイアウトの設定

　Word を使用すると，文書に簡単な装飾を施すことができます。ここでは，代表的なものについて説明します。

　また，書式の設定は何回でも変更することができますが，もし間違えてしまった場合には，図 3-3-9 に示すように，リボンの[ホーム]タブの左上にある[元に戻す]ボタンをクリックすれば元に戻ります。

3-6-1　文字を中央揃え・右揃えにするには

　普通に文字を入力していくと，入力された文字は両端揃えになります。両端揃えでは，用紙の左右余白いっぱいまで文字が入力され，自動的に改行されます。しかし，見出しや日付などは，中央や右端に揃えたほうがきれいに見えます。

　まず，ドラッグして配置を変えたい文字列を選択します。

ワープロソフトの使用法↵

図 3-6-1　両端揃えの状態で文字を選択する

　文字列を選択するとき，ドラッグして選択するやり方の他に，行単位で選択する方法も
あります。行単位で選択するには，まず，マウスポインタを左端の行の先頭付近に移動さ
せます。すると，マウスポインタの形が $\nwarrow$ のように変わります。ここでクリックすると
1 行選択できます。また，ここで下方向にドラッグすると複数行をまとめて選択すること
ができます。

　選択された状態で，リボンの[ホーム]タブにある[中央揃え]ボタンをクリックすると，

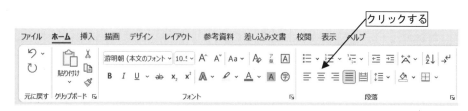

図 3-6-2　中央揃え（1）

選択された文字列が中央揃えになります。

ワープロソフトの使用法↵

図 3-6-3　中央揃え（2）

　また，[右揃え]ボタンをクリックすると，文字列が右揃えになります。
　一度文字の配置を変更すると，それ以降に続けて入力した文章は，すべて直前の配置と
同じになってしまいます。たとえば，2 行目を右揃えしておいてそのすぐ後に 3 行目を入
力すると，3 行目も右揃えになってしまいます。3 行目以降は両端揃えにしたい場合には，
3 行目を選択し，[両端揃え]ボタンをクリックする必要があります。ですから，とりあえず
最初に文字を入力しておいて，後から必要な変更を加える方が作業効率がよくなります。

3-6-2　文字の種類と大きさを変えるには

　現在の文字の種類（フォント）と文字の大きさ（フォントサイズ）はリボンの[ホーム]タ
ブに表示されています。

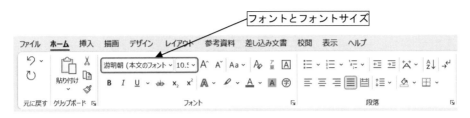

図 3-6-4　フォントとフォントサイズの表示

　これを変えるには，まず，文字を選択した後，フォント名が表示されているボックスの右の▼をクリックします。すると，そのパソコンで使用できるフォントの一覧が次のように表示されます。

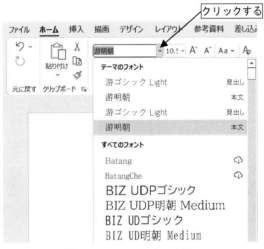

図 3-6-5　フォントの種類

この中から，変更したいフォントを選択します。

ワープロソフトの使用法↵

図 3-6-6　フォントの変更

　この例では，［HGP ゴシック M］に変更しました。
　同様に，フォントサイズを変えるには，文字を選択した後，フォントサイズが表示されているボックスの右の▼をクリックします。

図 3-6-7　フォントサイズの種類

この中から，変更したいフォントサイズを選択します。

ワープロソフトの使用法

図 3-6-8　フォントサイズの変更

　この例では，18 ポイントに変更しました。また，フォントサイズが表示されているボックスに直接数値を入力してフォントサイズを変更することもできます。

3-6-3　文字に装飾を付けるには

　文字を太字や斜体にしたり，文字に色を付けたりすることができます。まず，文字を太字にするには，文字を選択した後，リボンの[ホーム]タブにある[太字]ボタンをクリックします。同様に，斜体にするには[斜体]ボタンを，下線を付けるには[下線]ボタンをクリックします。また，もう 1 回それぞれのボタンをクリックすると元に戻ります。

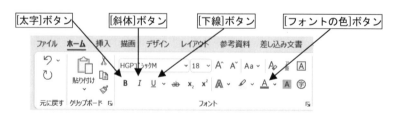

図 3-6-9　文字装飾のボタン

　たとえば，文字を太字にして斜体にしてから下線を引くと，次のようになります。

ワープロソフトの使用法

図 **3-6-10** 文字に装飾を付ける

　文字に色を付けるには，文字を選択した後，図 3-6-9 の[フォントの色]ボタンをクリックします。

ワープロソフトの使用法

図 **3-6-11** 文字に色を付ける

　この操作で文字と下線が赤色になりますが，色を変えたいときには，このボタンの右の▼をクリックすると表示される次のウィンドウから好きな色を選択できます。

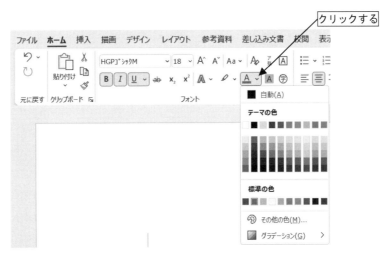

図 **3-6-12** 文字に付ける色にマウスポインタを合わせてクリックする

　他にも文字の装飾にはいろいろありますが，複雑な設定を行うには，リボンの[ホーム]タブにある[フォント]の右下のボタンをクリックします。

図 **3-6-13** [フォント]ダイアログボックスの表示

　そうすると，次のようなダイアログボックスが開きます。

図 3-6-14　[フォント]ダイアログボックス

　ここでは，取り消し線・上付き・下付きなどの文字飾りが選択でき，[詳細設定]タブから文字幅と間隔などの設定もできます。

＜マウスによる書式のコピー＞

　文字装飾やフォントサイズなど，一度設定した書式を別の文字にコピーすることができます。まず，コピーしたい書式が設定済みの文字を選択し，リボンの[ホーム]タブにある[書式のコピー/貼り付け]ボタンをクリックします。

図 3-6-15　書式のコピー/貼り付け

　そうすると，マウスカーソルが　という形になります。ここで，コピー先の文字をドラッグして選択すると，まったく同じ書式になります。この機能を使用すると，装飾を簡単に統一することができます。

3-6-4　次のページから文字を入力するには

　普通に文章を入力していくと，文章量がある程度長くなると自動的にページが変わります。しかし，文章構成上，切りのよいところでページを変えたいときがあります。このような場合には，改ページを挿入します。改ページを挿入すると，文書の途中でも新しいページに切り替わります。

　改ページを挿入するには，まず，文書内で改ページを挿入する箇所をクリックし，リボンの[挿入]タブをクリックして，[ページ区切り]をクリックします。

図 3-6-16　改ページ

　または，Ctrlキーを押したままEnterキーを押すことで，改ページが挿入できますので，こちらの方が簡単です。

　改ページを取り消したいときには，改ページを挿入した位置にカーソルを合わせてDeleteキーを押します。

3-6-5　レイアウトを設定するには

　レイアウトとは，用紙サイズや用紙の余白・1 行の文字数・1 ページの行数などのことです。これらにはあらかじめ適当な値が設定されていますが，好きな値に変更することができます。

　レイアウトを設定するには，リボンの[レイアウト]タブをクリックして切り替えた後，[ページ設定]の右下のボタンをクリックします。

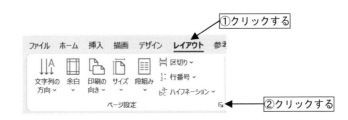

図 3-6-17　[ページ設定]ダイアログボックスを開く

　そうすると，次のようなダイアログボックスが開きます。

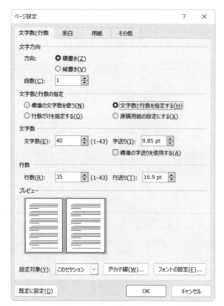

図 3-6-18　［ページ設定]ダイアログボックス

　ここで，文字の方向や文字数と行数などを設定できます。普通は Word の初期設定値である行数を使用しますが，利用者自身が望む文字数と行数を指定したり，原稿用紙の設定にしたりするといった変更もできます。

　また，［余白]タブをクリックすると画面は次のようになります。

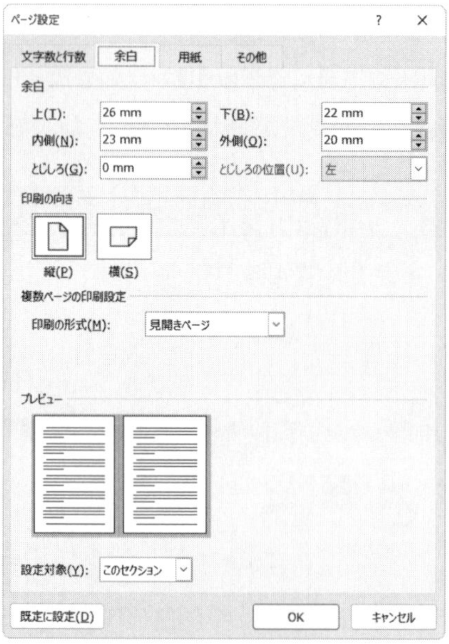

図 3-6-19　Word 文書の余白の設定

　ここでは，上下左右の余白などの設定ができます。印刷プレビューと合わせて，自分のイメージ通りの文書になるように調整します。

　また，[用紙]タブでは，印刷する[用紙サイズ]やプリンタの[用紙トレイ]などの設定も変えることができます。

3-7　表と図の作成

　文字だけの文書よりも表や図を使用した方が文書の表現力が豊かになります。Word では，簡単な表や図を作成することができます。

3-7-1　表を作成するには

　表を作成するには，リボンの[挿入]タブをクリックして切り替えた後，[表]ボタンをクリックします。

図 3-7-1　表の作成（1）

　次に，たとえば3行5列の表を作成する場合には，左上から3行5列目のマス目をクリックします。

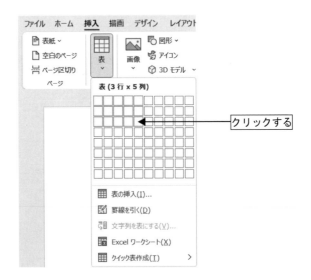

図 3-7-2 表の作成 (2)

これで, 文書中に 3 行 5 列の表ができます。

←	←	←	←	←	←
←	←	←	←	←	←
←	←	←	←	←	←

図 3-7-3 表の作成 (3)

表のそれぞれのマス目をセルといいますが, たとえば各セルに次のような文字を入力します。

←	英語←	数学←	物理←	化学←	←
秋山←	65←	84←	55←	70←	
石川←	80←	90←	75←	72←	

図 3-7-4 表の作成 (4)

1 行目の文字はセルの中央に表示したいので, 図のように 1 行目を選択します。

←	英語←	数学←	物理←	化学←	←
秋山←	65←	84←	55←	70←	
石川←	80←	90←	75←	72←	

図 3-7-5 表の作成 (5)

　1行目のすべてのセルをドラッグして選択してもよいのですが，マウスポインタを1行目の左に移動してマウスポインタが 🔄 の形になったところでクリックすると，1行目のセルをすべて選択することができます。

　ここで，リボンの[ホーム]タブにある[中央揃え]ボタンをクリックすると，セルの中央に文字が揃います。

←	英語←	数学←	物理←	化学←
秋山←	65←	84←	55←	70←
石川←	80←	90←	75←	72←

図 3-7-6　表の作成（6）

同様に操作して，数字はすべて右揃えにします。

←	英語←	数学←	物理←	化学←
秋山←	65←	84←	55←	70←
石川←	80←	90←	75←	72←

図 3-7-7　表の作成（7）

3-7-2　表を編集するには

　このようにして作成した表は，左右いっぱいに広がっています。表の中に入力する文字によっては幅が広すぎるので，幅を変更してみます。

　マウスポインタを表の縦線に合わせると，マウスポインタの形が ╂ のように変化します。ここで，ドラッグすると自由に列の幅が変えられます（行の高さも同じやり方で変更できます）。また，表の縦線をダブルクリックすると，その列の最も長いデータに合わせて自動的に最適な列幅に調整してくれます。図 3-7-8 では列の幅を変更しましたが，Word の画面上では左側に寄った状態になります。

←	英語←	数学←	物理←	化学←
秋山←	65←	84←	55←	70←
石川←	80←	90←	75←	72←

図 3-7-8　表の作成（8）

　そこで，表左上の ⊞ ボタンをクリックして表全体を選択して，リボンの[ホーム]タブにある[中央揃え]ボタンをクリックすると，表全体をページ中央に表示することができます。

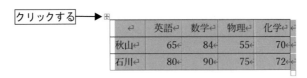

図 3-7-9　表の作成（9）

　また，作成した表に行や列を追加したり削除したりすることができます。表を選択すると，リボンには[テーブルデザイン]と[レイアウト]という新しいタブが現れますので，たとえば，3 行目の下に 1 行挿入するには，3 行目のいずれかのセルを選択してから，リボンの[レイアウト]タブをクリックし，[下に行を挿入]ボタンをクリックします。

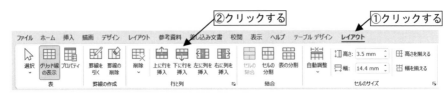

図 3-7-10　行の挿入（1）

　この操作で，選択した行の下に 1 行挿入することができます。

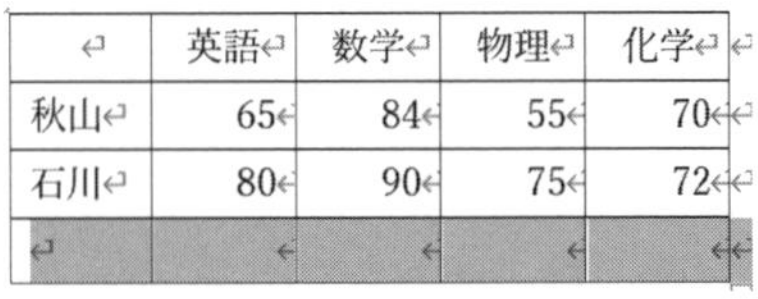

↵	英語↵	数学↵	物理↵	化学↵
秋山↵	65↵	84↵	55↵	70↵
石川↵	80↵	90↵	75↵	72↵
↵	↵	↵	↵	↵

図 3-7-11　行の挿入（2）

　同様に，[上に行を挿入]ボタンをクリックすると，選択した行の上に 1 行挿入できます。また，列を挿入するには，まず 1 列選択してから，[左に列を挿入]または[右に列を挿入]ボタンをクリックします。

　行を削除するには，削除したい行を選択して，[削除]ボタンから[行の削除]をクリックします。

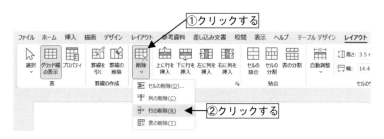

図 3-7-12 行の削除 (1)

たとえば2行目を削除すると，表は次のようになります。

↩	英語↩	数学↩	物理↩	化学↩
秋山↩	65↩	84↩	55↩	70↩
↩	↩	↩	↩	↩

図 3-7-13 行の削除 (2)

このように，表の大きさは後から何回でも変更できます。他にも，セルを結合・分割したり，線の種類を変えたり，簡単な計算をすることができるので，かなり複雑な表を作成することもできます。

また，Excel で作成した表を Word へ貼り付けることもできます。この操作については，§4-9 で説明します。

3-7-3 図形を描くには

自分で自由に描いた図形を文書に挿入することができます。図形を描くには，リボンの[挿入]タブをクリックして切り替えた後，[図形]ボタンをクリックします。たとえば，ブロック矢印を描くには，[ブロック矢印]の中の[右矢印]ボタンをクリックします。

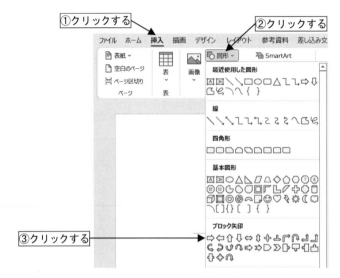

図 3-7-14 [図形]ボタン

マウスポインタの形が，＋のように変化しますので，図形を挿入したい位置でドラッグすると，ブロック矢印が描けます。

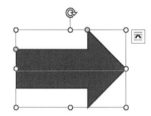

図 3-7-15 ブロック矢印の描画 (1)

描いた図形の枠線をドラッグすると図形を拡大・縮小できます。また，図形の内部をドラッグすると図形を移動できます。さらに，図形の上部の ⟳ の部分をドラッグすると図形を回転させることができます。

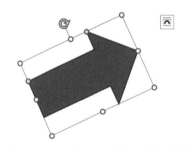

図 3-7-16 ブロック矢印の描画 (2)

　描いた図形の線の種類や太さや色を変更することができます。描いた図形を選択すると，リボンには[図形の書式]という新しいタブが現れますので，たとえば図形内部の色を白くするには，図形をクリックし，[図形の書式]タブの[図形の塗りつぶし]ボタンから[白色]をクリックします。

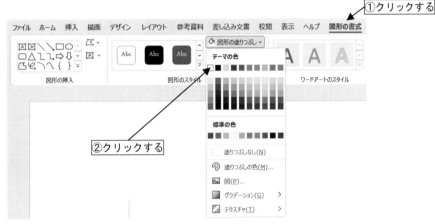

図 3-7-17　ブロック矢印の描画（3）

　そうすると，図形の内部が白色で塗りつぶされます。

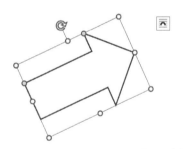

図 3-7-18　ブロック矢印の描画（4）

　また，描いた図形の右上の をクリックすると，図形の配置を変更することができます。たとえば，図のように図形と重なる部分に文字を入力すると，初期設定では次の図のように文字の上に図形が重なって配置されます。

ああああああああああああああああああああああああああああああああああああ
ああああああああああああああああああああああああああああああああああああ
あああああああああああああああああああああああああああああああああ
ああああああああああああああああああああああああああああああああああ
ああああああああああああああああああああああああああああああああああああ
ああああああああああああああああああああああああああああああああああああ↵

図 3-7-19　図の配置の変更（1）

　ここで，描いた図形をクリックして図形の右上の 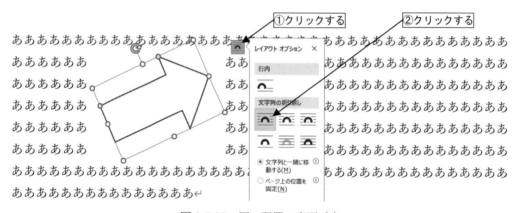 をクリックして，［レイアウトオプション］の［文字列の折り返し］の［四角形］をクリックすると，図形の周りの四角形の領域を避けて文字が配置されます。

図 3-7-20　図の配置の変更（2）

　さらに，［文字列の折り返し］の［狭く］をクリックすると，図形の周りの余白の部分にも文字が周り込んで配置されるようになります。

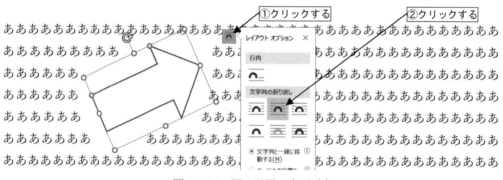

図 3-7-21　図の配置の変更（3）

　この他にも，他のアプリケーションソフトで作成した図形やデジカメやスキャナなどで

取り込んだ写真なども文書に挿入することができます。

3-7-4 自由な位置に文章を配置するには

　文書に挿入した図形などは，§3-7-3 で説明した方法で自由な位置に移動できますが，文章は何行目の何文字目という位置にしか通常は入力することはできません。しかし，テキストボックスを使用すれば，文章を文書内の自由な位置に配置することが可能です。リボンの[挿入]タブをクリックして切り替えた後, [テキストボックス]ボタンをクリックします。ここで，左上の[シンプル・テキストボックス]をクリックします。

図 3-7-22　テキストボックスの挿入 (1)

　そうすると，[文書の重要な部分を…]という文章が書かれたテキストボックスが挿入されます。

図 3-7-23　テキストボックスの挿入 (2)

　Delete キーでこの文章を削除すると，テキストボックスに任意の文章を入力することができます。

テキストボックスには, 任意の文
章を入力することができます。↵

図 3-7-24　テキストボックスへの文章の入力

　さらに，たとえばテキストボックスの枠線を二重線に変更するには，[図形の書式]タブの[図形の枠線]ボタンをクリックし，[実線/破線]から[その他の線]をクリックします。

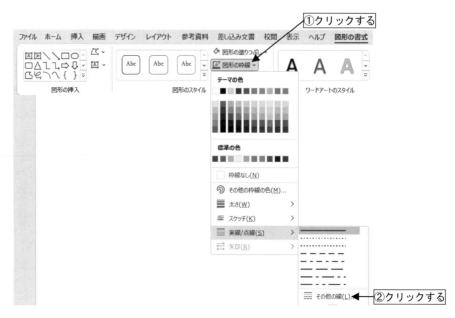

図 3-7-25　テキストボックスの書式設定 (1)

　そうすると，画面の右側に[図形の書式設定]作業ウィンドウが開きます。ここで，たとえば枠線を図 3-7-26 のように変更すると，

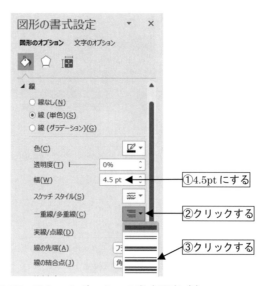

図 3-7-26　テキストボックスの書式設定 (2)

線のスタイルを図 3-7-27 のように二重線に変更することができます。

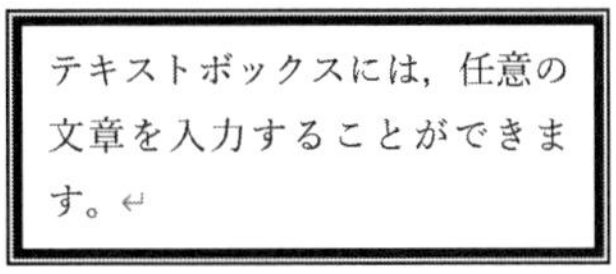

テキストボックスには，任意の
文章を入力することができま
す。↵

図 3-7-27 テキストボックスの書式設定（3）

このようにして作成したテキストボックスは，文書内の自由な位置に移動することができるので，図形と文章が込み入った文書でも自由にレイアウトすることが可能になります。

3-8 数式の作成

文書中に数式を入力するには，数式エディタを使用します。数式エディタを使用すれば，ほとんどどんな数式でも作成することができます。

まず，数式を入力したいところにカーソルを移動します。次に，リボンの[挿入]タブをクリックして切り替えた後，[数式]ボタンをクリックします。

図 3-8-1 数式の作成（1）

そうすると，リボンが[数式ツール]の[デザイン]に変更になり，文書中には[ここに数式を入力します]という数式入力ボックスが表示されます。

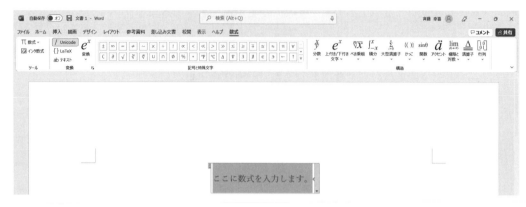

図 3-8-2　数式の作成 (2)

ここで，たとえば次の数式を入力してみます。

$$F = \frac{q_1 q_2}{4\pi\varepsilon_0 r^2}$$

図 3-8-3　数式の作成 (3)

まず，半角で $F =$ と入力してから，リボンの[分数]ボタンをクリックし，左上の分数のボタンをクリックします。

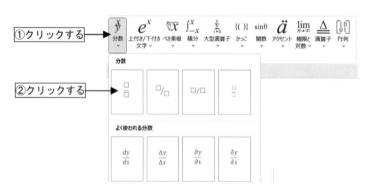

図 3-8-4　数式の作成 (4)

そうすると，次のような表示になります。

図 3-8-5 数式の作成 (5)

分子の ⊡ をクリックしてから，[上付き/下付き文字]をクリックし，[下付き文字]ボタンをクリックします。

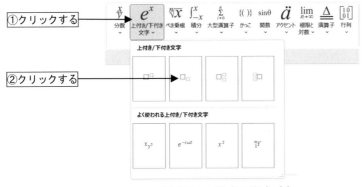

図 3-8-6 数式の作成 (6)

さらに，文字を入力したい ⊡ をクリックしてから，q と 1 を入力します。

図 3-8-7 数式の作成 (7)

次に，→ キーを押して下付き入力モードから抜けた後，同様に q_2 と入力し，分母をクリックします。ここで，4 を入力した後，[記号と特殊文字]の[その他]のボタンをクリックします。

クリックする

| ファイル | ホーム | 挿入 | 描画 | デザイン | レイアウト | 参考資料 | 差し込み文書 | 校閲 | 表示 | ヘルプ | 数式 |

図 3-8-8 数式の作成 (8)

そうすると，次の図のように[基本数式]が表示されますので，π をクリックします。

図 3-8-9　数式の作成 (9)

　あとは同じように入力していけば，図 3-8-3 の数式が完成します．入力が終ったら，文書中の数式以外の場所をクリックすれば，通常の文章入力モードに戻ります．

　このようにして作成した数式は，文書中に挿入された図と同じような扱いとなりますので，自由に拡大・縮小や移動ができます．また，数式を修正する場合には，数式をクリックすれば数式入力モードに移ります．

3-9　英文文書の作成

　英文文書の作成といっても，特に意識する必要はありません．普通に英文を入力していけばよいのです．ただし，Word には英文入力のための支援ツールがいくつか用意されていますので，それらについて説明します．

　たとえば，次の英文を入力します．

Whenever you asked if you can do a job, tell them "Certainly I can!" Then get busy and find out how to do it.↵

- Theodore Roosevelt (26th U.S. President, 1858-1919)↵

図 3-9-1　英文文書の作成 (1)

　文章を入力していき 1 行に入りきらなくなると，自動的に改行され，両端が揃うように自動的に単語と単語の間が開きます．この Word の機能を，ワードラップといいます．また，初期状態では自動スペルチェックがオンになっているので，Word に組み込まれた辞書に載っていない単語には赤の波線で下線が引かれます．

"Certanly I can!"↵

図 3-9-2　英文文書の作成 (2)

　このように下線が引かれた単語の上で右クリックすると，次のようなメニューが開きま

す。

図 **3-9-3**　英文文書の作成 (3)

　このメニューの一番上の単語が，正しいスペルで最も近い単語の候補です。これをクリックすると，正しいスペルの単語に置き換わります。また，入力した単語の綴りに間違いがない場合は，[辞書に追加]をクリックすると，この単語を新しい単語として辞書に追加することができます。

演習問題 3

3-1　自分の所属する学科名・学籍番号および氏名を入力しなさい。

3-2　次の文章を全角と半角に注意して入力しなさい（1 行の文字数はテキスト通りにならない場合もありますが，自動的に改行されるので，気にせずに入力してください）。

①　インターネットは，1960 年代半ばにアメリカで開発された ARPAnet（アーパネット）が元になっています。このネットワークは，アメリカ国防総省研究計画局がソビエトからの大陸間弾道弾（ICBM）の攻撃から軍事システムを守るために，遠く離れた場所にあるコンピュータ同士をネットワークで結び，1 ヶ所攻撃されてもシステムが機能するように考え出されたものです。その後，民間に払い下げられ，Internet になりました。インターネットは当初，大学や研究所など限られた人たちによって使用され，一般の人たちは，電話回線を使用したパソコン通信などで，限られた加入者の中だけで情報のやりとりが行われていました。ところが，アメリカの情報ハイウェイ構想などの影響により，急速にインターネットが普及し，現在に至っています。

【349 文字】（【】内は書く必要ありません）

②　ユーザーの増加や利用形態の変化に伴い，ネットワークを流れる情報量は飛躍的に増大していて，ネットワーク回線の容量も大きくなり，より高速なルータやサーバが利用されるようになってきました。ユーザーがネットワークに接続する方法も例外ではありません。昔からパソコン通信で使用されてきたモデムの通信速度は最高でも 56kbps で，ISDN(Integrated Services Digital Network)回線でも 64kbps または 128kbps です。これらの通信回線は，通信速度が遅いことから，ナローバンドと呼ばれています。これに対して，最近では ADSL(Asymmetric Digital Subscriber Line)技術を用いた 1〜40Mbps といった高速ないわゆるブロードバンドが利用できるようになり，この加入者数が急激に伸びています。しかし，ADSL では NTT の電話回線を使用しているため，NTT 局舎からの距離（線路長）が 2〜3km を超えると急激に通信速度が低下してしまいます。このため，将来的には距離に関係なく 100Mbps 程度という高速通信が可能な光ファイバーを用いた FTTH(Fiber To The Home)が主流になると考えられています。

【521 文字】

③　インターネット上でクレジットカード番号などの個人情報を送信する場合，第三者による盗み見や，なりすまし，データの改ざんを防ぐ必要があります。そこで，重要なデータを暗号化して，たとえ途中で盗まれても関係者以外には内容が判らないようにする必要があります。この暗号化の方法として，現在は，SSL(Secure Socket Layer)と呼ばれる方法が，インターネットショッピングなどで一般的に使用されています。この方法では，暗号化に使用する鍵と復号化に使用する鍵が異なります。そして，暗号化鍵を公開し，この鍵を使用してデータを暗号化します。しかし，この鍵ではデータを暗号化できても復号化することができません。復号化するためには復号化鍵を使用する必要がありますが，復号化鍵は秘密なので，本人以外は復号化することができません。このようにすると，データの改ざんや他人になりすましたりすることが難しくなります。この暗号化方法を「公開鍵方式」と呼びます。このような方式を用いているため，SSL に対応したホームページは比較的安全ですが，完璧ではありません。個人情報の取り扱いには十分注意する必要があります。

【493 文字】

④　インターネットに接続されるコンピュータには，すべて一意のユニークな IP(Internet Protocol)アドレスが付けられています。この IP アドレスは 32bit で構成され，それぞれネットワークの大きさに合わせてクラス A〜C に分けられています。クラス A は，128 個のネットワークしか区別することができませんが，1 つのネットワークに接続される端末の数は 16,777,215 台に及びます。また，クラス B では，49,151 個のネットワークが区別でき，1 つのネットワークに 65,535 台の端末が接続できます。クラス C になると識別できるネットワークの数が 14,680,063 個になりますが，1 つのネットワークに 255 台の端末しか接続できません。このように，クラスによってネットワークの規模が異なります。しかし，最近この IP アドレスの不足が問題になっており，現在クラス C 以外の IP アドレスは割り当てられていません（クラス A, B 共に空きがない）。そこで，現在の IP アドレスに代わる IPv6(Internet Protocol Version 6)と呼ばれる方法が策定され，運用が始まろうとしています。IPv6 においては，従来 32bit だったアドレス空間が 128bit まで拡張されます。このため，現状ではほぼ無限ともいえる IP アドレスが得られることになり，ほとんどすべての電気・電子機器に新しい IP アドレスが割り当てられるようになると考えられています。

【616 文字】

3-3 次の文章を入力しなさい。アルファベットは半角で入力すること。

　表面電子状態の理論計算における最近の進歩について解説します。特にここでは，X線光電子分光法およびオージェ電子分光法において，理論的にはどこまでの精度および正確度でスペクトルの位置および形状が決められるのかを予測することに重点を置きます。まず，表面における電子状態およびエネルギーバンド構造を理論的に計算する際に重要となる具体的な計算法について概説します。次に，具体例として，Cu，Si，高温酸化物超伝導体およびテフロンについての研究結果を紹介します。さらに，現状における問題点と今後の展開について述べます。

3-4 次のテーマから2つ以上を選び，下記の条件に基づいて文章を作成しなさい。

　＜テーマ＞
　① 自分の所属する学科でこれから学んでいきたいことを書きなさい。
　② 高校生から大学生になって貴方の生活はどのように変わりましたか？
　③ 高校時代，貴方がんばったことや熱中したことを書きなさい。
　④ 自己 PR を書きなさい。
　⑤ パソコンに対して貴方はどのような印象がありますか？
　⑥ 今，貴方が一番関心のあることについて書きなさい。

　＜条件＞
　　ページ設定
　　　余白：上下左右ともに 25mm
　　使用する文字
　　　本文：日本語フォント　游明朝　10.5 ポイント
　　　　　　英数字フォント　Century　10.5 ポイント
　　　表題（選択したテーマ）：
　　　　　14 ポイントで，明朝体以外のフォントを使用し，下線を付けること。
　　　作文量：
　　　　　1 つのテーマにつき約 400 字を目安に書くこと。
　　　　　全体として 800 字以上であればよい。

3-5　本章 3-7 節で説明した表および図形を挿入した文書を実際に作成しなさい。

3-6　**付録Ⅲのローマ字・かな対応表**を作成しなさい。

3-7　次ページの図は，インターネットの電子商取引におけるデータの暗号化の仕組みを説明したものです。四角形，矢印およびテキストボックスを用いて，下記の条件に基づいて実際にこの図を作成しなさい。

　＜条件＞
　　ページ設定
　　　余白：上下左右ともに 20mm
　　使用する文字
　　　通常の文字：日本語フォント　MS 明朝　10.5 ポイント
　　　　　　　　　英語フォント　　　Century　10.5 ポイント
　　　小さい文字：日本語フォント　MS 明朝　9 ポイント
　　　　　　　　　英語フォント　　　Century　9 ポイント
　　　太字：MS ゴシック　10.5 ポイント
　　細い実線：0.75pt，太い実線：1.5pt

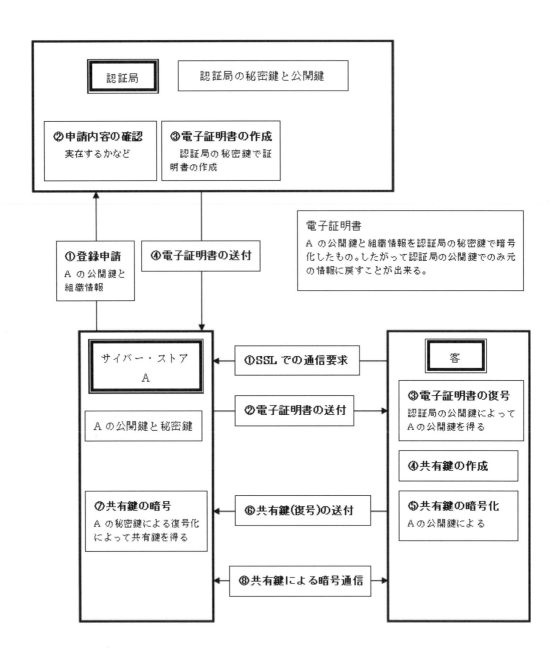

図　SSL（Secure Socket Layer）の仕組み
インターネットでの電子商取引は暗号を利用して安全に行われる。

3-8   次の数式を作成しなさい。

① $\nabla \cdot \mathbf{E} = \dfrac{\partial E_x}{\partial x} + \dfrac{\partial E_y}{\partial y} + \dfrac{\partial E_z}{\partial z} = \dfrac{\rho}{\varepsilon_0}$

② $\nabla \cdot \mathbf{B} = \dfrac{\partial B_x}{\partial x} + \dfrac{\partial B_y}{\partial y} + \dfrac{\partial B_z}{\partial z} = 0$

③ $\displaystyle\int_{C_0} \mathbf{E} \cdot \mathrm{d}\mathbf{s} = -\int_S \dfrac{\partial \mathbf{B}}{\partial t} \cdot \mathbf{n}\mathrm{d}S$

④ $\displaystyle\int_{C_0} \mathbf{H} \cdot \mathrm{d}\mathbf{s} = I + \int_S \dfrac{\partial \mathbf{D}}{\partial t} \cdot \mathbf{n}\mathrm{d}S$

3-9   次の英文を入力しなさい。

① The wise make proverbs and fools repeat them.

- Isaac D'Israeli (British scholar, 1766-1848)

② We work not only to produce but to give value to time.

- Eugene Delacroix (French Romantic painter, 1798-1863)

③ If you teach a man anything, he will never learn.

- George Bernard Shaw (British playwright and critic, 1856-1950)

④ I'm an optimist because it does not seem too much use being anything else.

- Sir Winston Churchill (British statesman and Prime Minister, 1874-1965)

⑤ Time is the scarcest resource, and unless it is managed, nothing else can be managed.

- Peter Drucker (U.S. management consultant and author, 1909-2005)

⑥　The mediocre teacher tells. The good teacher explains. The superior teacher demonstrates. The great teacher inspires.

- William Arthur Ward (U.S. author and teacher, 1921-1994)

3-10　次の英文を入力しなさい（演習問題 3-3 の英文訳です）。

Recent theoretical studies on the electronic structures of the solid surfaces are reviewed. The aim of this review is to theoretically evaluate the peak positions and shapes of spectra measured by X-ray photoelectron spectroscopy and Auger electron spectroscopy. The principles of the most important theoretical methods for the calculation of the electronic surface states and the surface energy are discussed. As a typical study of the detailed investigations, Cu, Si, superconductive oxides and Teflon are described. Furthermore, the problems and future development of the electronic structure calculations are critically discussed.

第4章

表計算ソフトの使用法
― Excel for Microsoft 365 ―

　本章では，表計算ソフトである Excel の使用法について説明します。表計算ソフトを使用すると，大量のデータの複雑な計算も簡単に行うことができます。また，簡単にきれいなグラフを描くことができ，データを修正すると即座に計算し直し，グラフも描き直してくれます。こうして作成した表やグラフは Word 文書に貼り付けることもできます。

　簡単な集計から複雑なデータの解析などにまで広く使用できるので，ぜひ使用法をマスターしてください。

4-1　Excel の起動

　Excel を起動するには，まず，[スタート]ボタンをクリックし，[スタート]ボタンの上に[Excel]が表示される場合は，これをクリックします。

図 4-1-1　Excel の起動 (1)

ここに表示されない場合は，[すべてのアプリ]→[Excel]の順にクリックします。

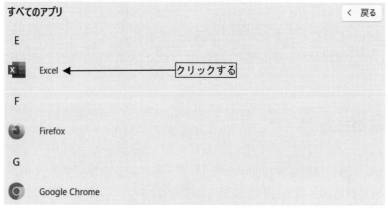

図 4-1-2　Excel の起動 (2)

Excel を起動すると，次のような Excel のスタート画面が表示されます。

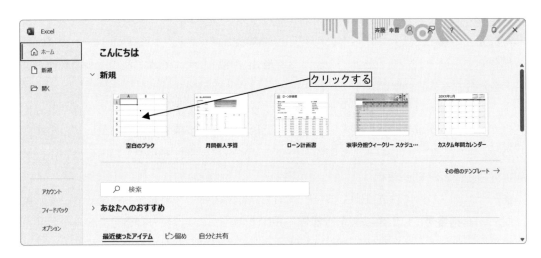

図 4-1-3　Excel のスタート画面

ここで[空白のブック]をクリックすると，次のような画面が表示されます。

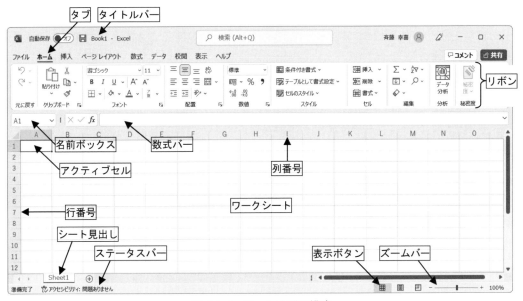

図 4-1-4　Excel の画面構成

Word と同じように，画面上部の**タイトルバー**には作成中のファイル名とソフトウェア名が表示されています。タイトルバーの下には**リボン**が表示されていて，ここに表示されているボタンをクリックすることによりさまざまな操作や設定をすることができます。現在は，[ホーム]という**タブ**が表示されていますが，[挿入]や[ページレイアウト]などの他のタブをクリックすることにより，リボンに表示されるボタンは変化します。

　実際にデータを入力する表は，**シート**または**ワークシート**と呼ばれています。シートは非常に大きく画面には入りきらないので，この画面に表示されているのはシートのほんの一部分です。シートの 1 つひとつのマス目を**セル**と呼びます。それぞれのセルに数値・文字・数式などを入力します。

　さらに，何枚かのシートをまとめたものを**ブック**と呼びます。ファイルの保存や読み出しは，このブック単位で行います。画面左下に[Sheet1]と**シート見出し**が付いています。このシートは必要に応じて追加や削除ができます。また，それぞれのシートには自由に名前を付けることができます。

　また，シートの列には A, B, C, … と，行には 1, 2, 3, … と番号がふってあります。A, B, C, … を**列番号**，1, 2, 3, … を**行番号**と呼びます。この列番号と行番号を組み合わせてセルを指定します。たとえば，セル A1 はシートの最も左上のセルを表します。このようなセルを指定するための列番号と行番号の組み合わせを**アドレス**と呼びます。

　図 4-1-4 では，セル A1 が太線で囲まれていて，このセルにデータを入力できる状態になっています。このようなデータを編集することのできるセルを**アクティブセル**と呼びます。このアクティブセルのアドレスはリボンの下の**名前ボックス**に表示されています。また，アクティブセル内のデータは，名前ボックスの隣の**数式バー**に表示されます。矢印キーを押したり，マウスポインタを移動してクリックしたりすることで，アクティブセルを移動することができます。

　画面左下には**ステータスバー**に作業中の文書や選択しているコマンドの状態が表示されています。また，画面右下には**表示ボタン**と**ズームバー**が表示されていて，ここではそれぞれ表示の切り替えと表示倍率の変更ができます。

4-2　ワークシートの基本操作

4-2-1　文字や数値をセルに入力するには

　まず，セル A1 に次の文字を入力します。入力したデータはセル A1 と数式バーの両方に表示されます。

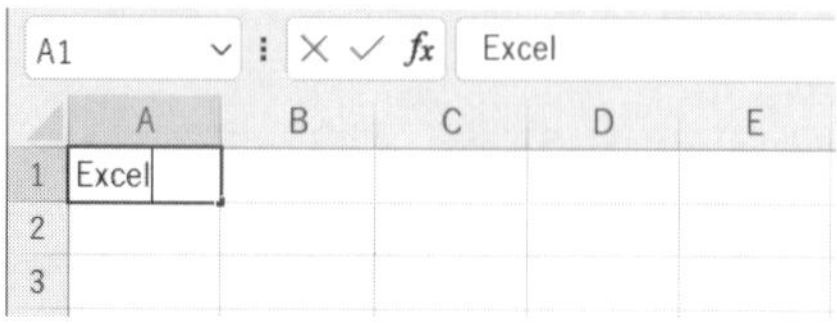

図 4-2-1　文字の入力

$\boxed{\text{Enter}}$ キーを押すと入力したデータが確定し，アクティブセルは1つ下のセル A2 に移動します。

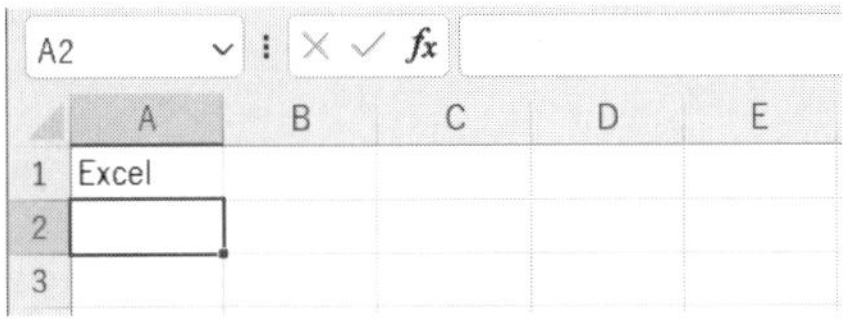

図 4-2-2　入力文字の確定

セル A2 に数字を入力し $\boxed{\text{Enter}}$ キーを押すと，次のようになります。

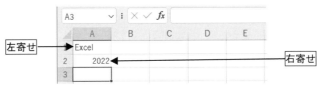

図 4-2-3　数字の入力

初期設定では文字は左寄せ，数字は右寄せで表示されます。

次に，セルに日本語を入力するには，まず $\boxed{\text{半角/全角}}$ キーを押して日本語入力をオンにする必要があります。このキーを押すと日本語の入力が可能になります。

ここで，たとえば次の文字を入力し確定します。

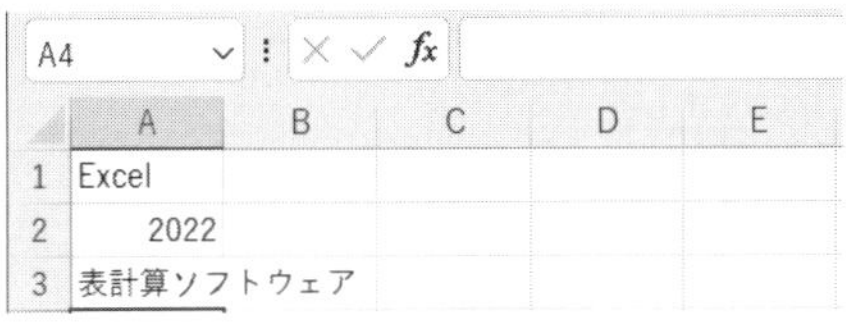

図 4-2-4　セルへの日本語入力

セルの幅から文字がはみ出していますが，隣のセルにデータが入力されるまでは表示も印刷もされますので，このままでかまいません。

4-2-2 入力した文字を修正するには

入力したデータをクリアしたいときには，クリアしたいセルをクリック（アクティブセルにする）してから $\boxed{\text{Delete}}$ キーを押します。

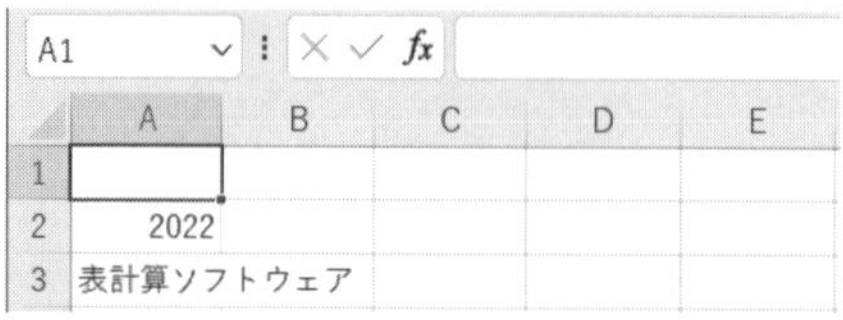

図 4-2-5　データのクリア

複数のデータを1回の操作でクリアするには，ドラッグして複数のセルを選択した後，Delete キーを押します。

また，入力したデータを修正するには，修正したいセルをダブルクリックします（修正したいセルをクリックしてからファンクションキーの F2 を押しても同じです）。

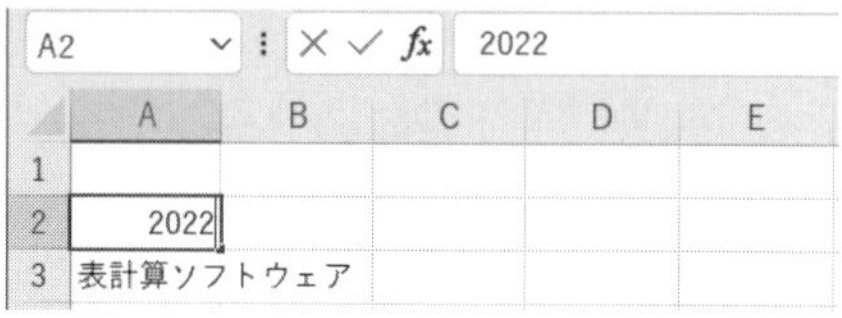

図 4-2-6　修正データの選択

矢印キーで I カーソルを移動して，データを修正します。Enter キーを押すと確定されます。数式バーに表示されているデータを編集してもデータの修正ができます。

図 4-2-7　データの修正

修正ではなく，データを新しく入力し直すときには，セルをクリックしてアクティブセルにしてから新しいデータを入力すればよいので，適宜使い分けてください。

また，シート内の全データを1回の操作でクリアする便利な方法があります。まず，シート左上の**[全セル選択]ボタン**をクリックして，全セルを選択します。

図 4-2-8 全セルの選択

この状態で Delete キーを押すと，全データが 1 回の操作でクリアできます。

図 4-2-9 全データのクリア

4-2-3 連続した数値を入力するには

Excel には自動的に連続した数値を入力する**オートフィル**と呼ばれる機能があります。規則的に並んだデータを入力するときに便利です。たとえば図 4-2-10 のように 100, 110 と入力しておいて，これらのデータの入った 2 つのセルをドラッグして選択します。

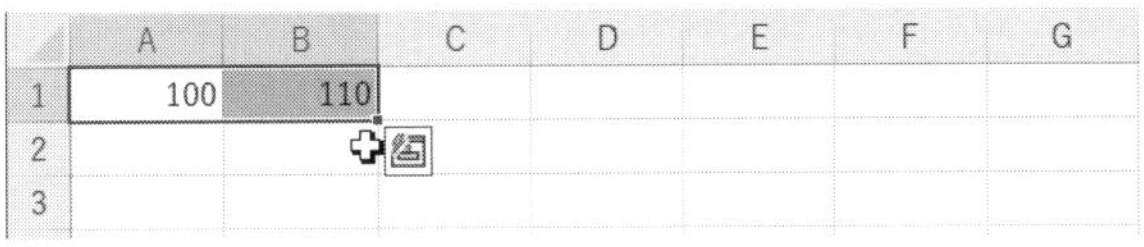

図 4-2-10 データの選択

この状態で，選択したセルの右下にマウスポインタを合わせると，マウスポインタの形が図 4-2-11 のように変化します。

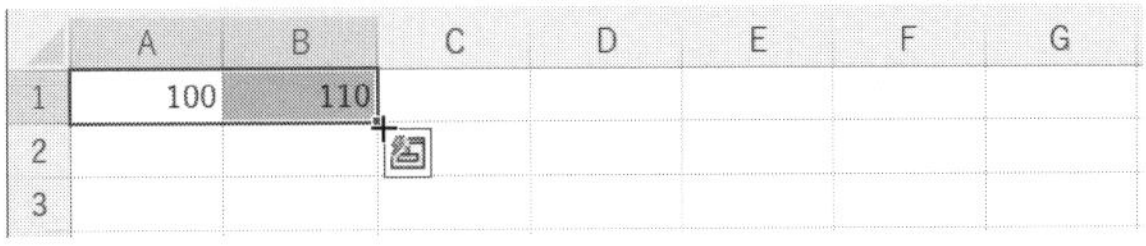

図 4-2-11 オートフィル時のマウスポインタ

ここで，行方向にドラッグすると，100, 110 の次に 120, 130, 140, … と自動的に入力されていきます(つまり等差数列です)。列方向にも同様な操作でオートフィルができます。

	A	B	C	D	E	F	G
1	100	110	120	130	140	150	
2							
3							

図 4-2-12 オートフィル

オートフィルを行った直後には，マウスカーソルの右下に  というアイコンが表示されます。このアイコンをクリックすると，次のようなメニューが表示されます。

① クリックする
② クリックする
- セルのコピー(C)
- 連続データ(S)
- 書式のみコピー (フィル)(F)
- 書式なしコピー (フィル)(O)

図 4-2-13 オートフィルのオプション

ここで，[セルのコピー]をクリックすると，コピー元と同じデータをコピーすることができます。

	A	B	C	D	E	F	G
1	100	110	100	110	100	110	
2							
3							

図 4-2-14 セルのコピー

ここでは，連続した数値の入力について説明しましたが，曜日や干支などの入力にも使用できます。たとえば，月曜日と入力しておいてドラッグすると，次のセルには火曜日，水曜日，…と入力されていきます。

	A	B	C	D	E	F	G
1	100	110	100	110	100	110	
2	月曜日	火曜日	水曜日	木曜日	金曜日	土曜日	
3							

図 4-2-15 曜日のオートフィル

4-2-4 データを移動またはコピーするには

基本的には Word と同じ操作でデータの移動やコピーができます。まず，移動またはコピーしたいデータが入っているセルをドラッグして選択します。

A B C D E F G
1 100 110 100 110 100 110
2 月曜日 火曜日 水曜日 木曜日 金曜日 土曜日
3

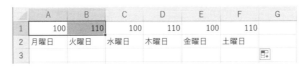

図 4-2-16　データの選択

移動する場合はツールバーの[切り取り]ボタンをクリックします（または，右クリックして[ショートカット]メニューの[切り取り]をクリックします）。

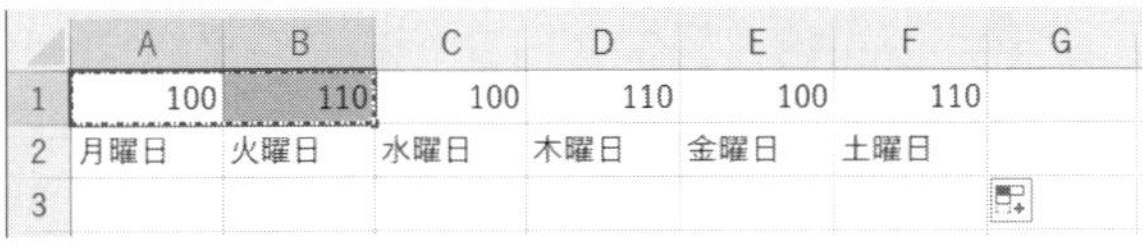

A B C D E F G
1 100 110 100 110 100 110
2 月曜日 火曜日 水曜日 木曜日 金曜日 土曜日
3

図 4-2-17　データの切り取り

次に，移動先のセルを選択し，ツールバーの[貼り付け]ボタンをクリックすればデータが移動できます（または，右クリックして[ショートカット]メニューの[貼り付け]をクリックします）。

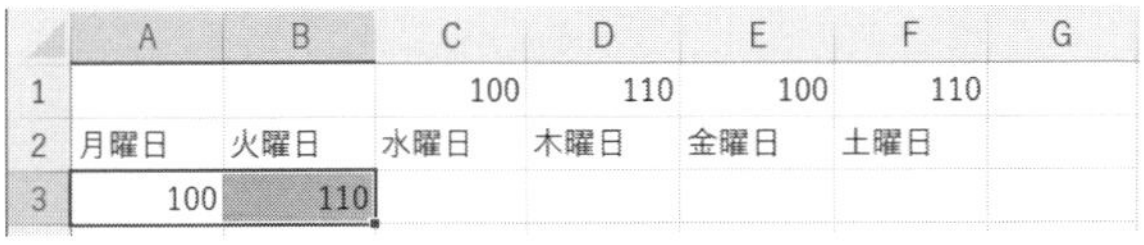

A B C D E F G
1 100 110 100 110
2 月曜日 火曜日 水曜日 木曜日 金曜日 土曜日
3 100 110

図 4-2-18　データの移動

コピーする場合は，ツールバーの[コピー]ボタンをクリックした後，コピー先のセルを選択し，[貼り付け]ボタンをクリックすればデータがコピーできます。

もし，操作を間違えたり元に戻したくなったりした場合には，リボンの[ホーム]タブの左上にある[元に戻す]ボタンをクリックすれば，操作を行った直前の状態に戻すことができます。

また，1行のデータまたは1列の全データをまとめて移動やコピーすることができます。ここでは1行のデータのコピーの方法を説明します。まず，コピーしたい行の行番号をクリックします。

クリックする
A B C D E F G
1 100 110 100 110 100 110
2 月曜日 火曜日 水曜日 木曜日 金曜日 土曜日
3

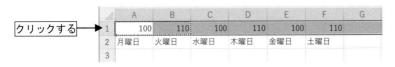

図 4-2-19　1行の選択

こうするとその行の全データが選択されます。ここで，ツールバーの[コピー]ボタンをクリックするか，右クリックして[ショートカット]メニューの[コピー]をクリックします。

	A	B	C	D	E	F	G
1	100	110	100	110	100	110	
2	月曜日	火曜日	水曜日	木曜日	金曜日	土曜日	
3							

図4-2-20 1行のコピー（1）

次に，コピー先の行を選択した後，ツールバーの[貼り付け]ボタンをクリックするか，右クリックして[ショートカット]メニューの[貼り付け]をクリックすると，1行分の全データがコピーされます。

	A	B	C	D	E	F	G
1	100	110	100	110	100	110	
2	月曜日	火曜日	水曜日	木曜日	金曜日	土曜日	
3	100	110	100	110	100	110	

図4-2-21 1行のコピー（2）

ここでも，貼り付けた直後は[貼り付けのオプション]ボタンが表示されます。

図4-2-22 貼り付けのオプション

この中から，[数式]や[値のみ]をクリックすると，数式や値のみをコピーすることができます。

列を選択してから同様の操作を行えば，列のコピーができます。また，複数行をコピーしたいときには，コピーしたい行の行番号をドラッグして複数行を選択してから上の操作を行えばよいわけです。

4-2-5 不要な行や列を削除するには

いらない行を削除するには，まずその行を選択します。

図 4-2-23 1行の選択

ここで，リボンの[ホーム]タブにある[削除]ボタンをクリックします（または，右クリックして[ショートカット]メニューの[削除]をクリックします）。

図 4-2-24 [削除]ボタン

この操作で，必要のない行が削除され，削除された行より下の行は上に詰められます。

図 4-2-25 1行の削除

これに対して，行を選択した後に Delete キーを押すと，その行は残したままで行の全データをクリアすることができます。場合によって使い分けてください。

同様の操作で列の削除ができます。また，複数行を1回の操作で削除するには，削除したい行番号をドラッグして複数行を選択してから上の操作を行ってください。

4-2-6 新しい行や列を挿入するには

Excel では，後から行や列を自由に挿入することができます。ここでは，行の挿入について説明します。

まず，新しい行を挿入したい行番号をクリックして，1行選択します。

図 4-2-26　1行の選択

　次に，リボンの[ホーム]タブにある[挿入]ボタンをクリックします（または，右クリックして[ショートカット]メニューの[挿入]をクリックします）。

図 4-2-27　[挿入]ボタン

これで1行挿入できました。

	A	B	C	D	E	F	G
1	月曜日	火曜日	水曜日	木曜日	金曜日	土曜日	
2							
3	100	110	100	110	100	110	

図 4-2-28　1行の挿入

　複数行選択してから[挿入]ボタンをクリックすると，1回の操作で複数行挿入することができます。列の挿入についても同様です。

4-3　書式とレイアウトの設定

　本節では，次の表を作成しながら書式とレイアウトの設定について説明します。

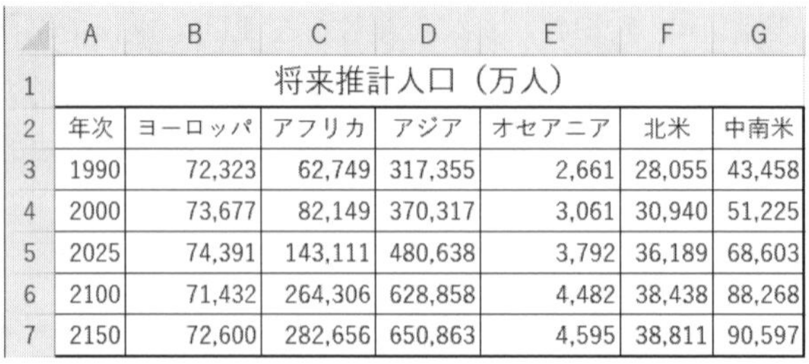

	A	B	C	D	E	F	G
1	将来推計人口（万人）						
2	年次	ヨーロッパ	アフリカ	アジア	オセアニア	北米	中南米
3	1990	72,323	62,749	317,355	2,661	28,055	43,458
4	2000	73,677	82,149	370,317	3,061	30,940	51,225
5	2025	74,391	143,111	480,638	3,792	36,189	68,603
6	2100	71,432	264,306	628,858	4,482	38,438	88,268
7	2150	72,600	282,656	650,863	4,595	38,811	90,597

図 4-3-1　完成した表

4-3-1　文字をセルの中央に揃えるには

まず，次のようなデータを入力します。

	A	B	C	D	E	F	G
1	将来推計人口（万人）						
2	年次	ヨーロッパ	アフリカ	アジア	オセアニア	北米	中南米
3	1990	72323	62749	317355	2661	28055	43458
4	2000	73677	82149	370317	3061	30940	51225
5	2025	74391	143111	480638	3792	36189	68603
6	2100	71432	264306	628858	4482	38438	88268
7	2150	72600	282656	650863	4595	38811	90597

図 4-3-2　データ入力

2行目の文字はセルの中央に揃えた方がきれいなので，2行目を選択します。

	A	B	C	D	E	F	G
1	将来推計人口（万人）						
2	年次	ヨーロッパ	アフリカ	アジア	オセアニア	北米	中南米
3	1990	72323	62749	317355	2661	28055	43458
4	2000	73677	82149	370317	3061	30940	51225
5	2025	74391	143111	480638	3792	36189	68603
6	2100	71432	264306	628858	4482	38438	88268
7	2150	72600	282656	650863	4595	38811	90597

図 4-3-3　行の選択

次に，リボンの[ホーム]タブにある[中央揃え]ボタンをクリックすると，

図 4-3-4　[中央揃え]ボタン

それぞれの文字がセルの中央に揃います。

	A	B	C	D	E	F	G
1	将来推計人口（万人）						
2	年次	ヨーロッパ	アフリカ	アジア	オセアニア	北米	中南米
3	1990	72323	62749	317355	2661	28055	43458
4	2000	73677	82149	370317	3061	30940	51225
5	2025	74391	143111	480638	3792	36189	68603
6	2100	71432	264306	628858	4482	38438	88268
7	2150	72600	282656	650863	4595	38811	90597

図 4-3-5　中央揃え

4-3-2　データの表示形式を変えるには

人口のデータは3桁ごとにカンマ(,)で区切って表示します。まず，これらのデータを選択します。

	A	B	C	D	E	F	G
1	将来推計人口（万人）						
2	年次	ヨーロッパ	アフリカ	アジア	オセアニア	北米	中南米
3	1990	72323	62749	317355	2661	28055	43458
4	2000	73677	82149	370317	3061	30940	51225
5	2025	74391	143111	480638	3792	36189	68603
6	2100	71432	264306	628858	4482	38438	88268
7	2150	72600	282656	650863	4595	38811	90597

図 4-3-6　データの選択

次に，リボンの[ホーム]タブにある[桁区切りスタイル]ボタンをクリックします。

図 4-3-7　[桁区切りスタイル]ボタン

これで，データが3桁ごとにカンマ(,)で区切って表示されました。

	A	B	C	D	E	F	G
1	将来推計人口（万人）						
2	年次	ヨーロッパ	アフリカ	アジア	オセアニア	北米	中南米
3	1990	72,323	62,749	317,355	2,661	28,055	43,458
4	2000	73,677	82,149	370,317	3,061	30,940	51,225
5	2025	74,391	143,111	480,638	3,792	36,189	68,603
6	2100	71,432	264,306	628,858	4,482	38,438	88,268
7	2150	72,600	282,656	650,863	4,595	38,811	90,597

図 **4-3-8**　桁区切りスタイル表示

この他にも，リボンの[ホーム]タブにある[通貨表示形式]ボタンをクリックすると通貨形式で，[パーセント　スタイル]ボタンをクリックするとパーセント形式で表示することができます。また，リボンの[数値]の右下をクリックすると，

図 **4-3-9**　[セルの書式設定]の表示

次のようなダイアログボックスが開きます。

図 **4-3-10**　[セルの書式設定]ダイアログボックス

　ここでは,表示形式として,日付や時刻や文字列などの設定に変更することができます。表示形式を文字列に変更すると, 書式を自動変換せずにキーボードから入力した通りに表示させることができます。また, セルの表示が思い通りの表示にならない場合には, とりあえず標準に戻してみてください。

4-3-3　罫線を引くには

　さらに罫線を引いて表らしくしてみましょう。罫線を引くには, まずドラッグして罫線を引きたいセルを選択します。

	A	B	C	D	E	F	G
1	将来推計人口（万人）						
2	年次	ヨーロッパ	アフリカ	アジア	オセアニア	北米	中南米
3	1990	72,323	62,749	317,355	2,661	28,055	43,458
4	2000	73,677	82,149	370,317	3,061	30,940	51,225
5	2025	74,391	143,111	480,638	3,792	36,189	68,603
6	2100	71,432	264,306	628,858	4,482	38,438	88,268
7	2150	72,600	282,656	650,863	4,595	38,811	90,597

図4-3-11　セルの選択

　次に, リボンの[ホーム]タブにある[罫線]ボタンの下向き矢印をクリックして, 罫線パレットを開きます。

図4-3-12　[罫線]ボタン

　今回は全セルに罫線を引くので, この中から[格子]をクリックします。

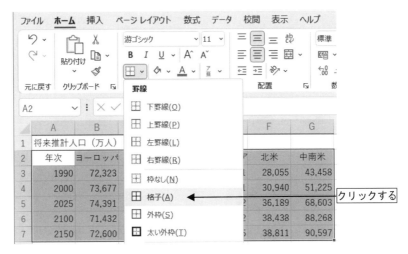

図 4-3-13　罫線→格子

これで，次の図のように罫線が引かれました。

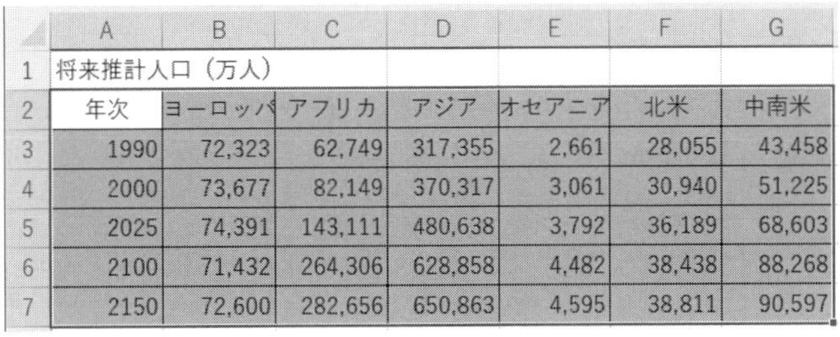

	A	B	C	D	E	F	G
1	将来推計人口（万人）						
2	年次	ヨーロッパ	アフリカ	アジア	オセアニア	北米	中南米
3	1990	72,323	62,749	317,355	2,661	28,055	43,458
4	2000	73,677	82,149	370,317	3,061	30,940	51,225
5	2025	74,391	143,111	480,638	3,792	36,189	68,603
6	2100	71,432	264,306	628,858	4,482	38,438	88,268
7	2150	72,600	282,656	650,863	4,595	38,811	90,597

図 4-3-14　罫線を引く

さらに，外側の枠は太線にしたいので，表を選択した状態で[太い外枠]ボタンをクリックします。

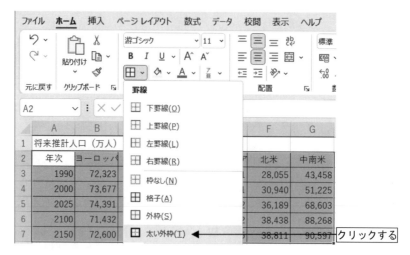

図 4-3-15 罫線→外枠太罫線

これで，外側の枠だけが太い線に変わります。

	A	B	C	D	E	F	G
1	将来推計人口（万人）						
2	年次	ヨーロッパ	アフリカ	アジア	オセアニア	北米	中南米
3	1990	72,323	62,749	317,355	2,661	28,055	43,458
4	2000	73,677	82,149	370,317	3,061	30,940	51,225
5	2025	74,391	143,111	480,638	3,792	36,189	68,603
6	2100	71,432	264,306	628,858	4,482	38,438	88,268
7	2150	72,600	282,656	650,863	4,595	38,811	90,597

図 4-3-16 外枠に太い罫線を引く

4-3-4 フォントサイズを変えるには

次に，表のタイトルを少し大きなフォントサイズに変更します。まず，セル A1 をクリックして選択します。

	A	B	C	D	E	F	G
1	将来推計人口（万人）						
2	年次	ヨーロッパ	アフリカ	アジア	オセアニア	北米	中南米
3	1990	72,323	62,749	317,355	2,661	28,055	43,458
4	2000	73,677	82,149	370,317	3,061	30,940	51,225
5	2025	74,391	143,111	480,638	3,792	36,189	68,603
6	2100	71,432	264,306	628,858	4,482	38,438	88,268
7	2150	72,600	282,656	650,863	4,595	38,811	90,597

図 4-3-17 セルの選択

リボンの[ホーム]タブにある[フォント サイズ]ボタンの下向き矢印をクリックし，[14]をクリックして 14 ポイントに変更します。

図 **4-3-18**　フォントサイズの設定

これで，フォントサイズが大きくなりました。

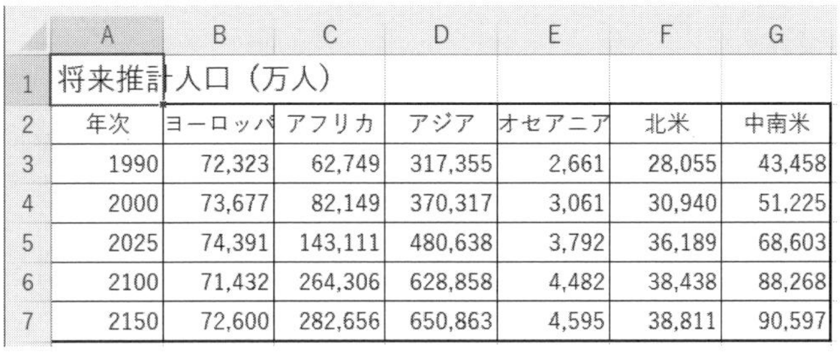

	A	B	C	D	E	F	G
1	将来推計人口（万人）						
2	年次	ヨーロッパ	アフリカ	アジア	オセアニア	北米	中南米
3	1990	72,323	62,749	317,355	2,661	28,055	43,458
4	2000	73,677	82,149	370,317	3,061	30,940	51,225
5	2025	74,391	143,111	480,638	3,792	36,189	68,603
6	2100	71,432	264,306	628,858	4,482	38,438	88,268
7	2150	72,600	282,656	650,863	4,595	38,811	90,597

図 **4-3-19**　フォントサイズの変更

4-3-5　セル幅を変更するには

セルの幅と高さは，自由に変更することができます。ここでは，A 列の幅を狭くしてみましょう。A 列と B 列の境界線にマウスポインタを合わせると，マウスポインタの形が次のように変わります。

図 **4-3-20**　セル幅変更時のマウスポインタ

　ここで，ドラッグすると，セルの幅を自由に変えることができます。A列を少し狭くして，ちょうど年号が入る幅に変更してみましょう。

	A	B	C	D	E	F	G
1	将来推計人口（万人）						
2	年次	ヨーロッパ	アフリカ	アジア	オセアニア	北米	中南米
3	1990	72,323	62,749	317,355	2,661	28,055	43,458
4	2000	73,677	82,149	370,317	3,061	30,940	51,225
5	2025	74,391	143,111	480,638	3,792	36,189	68,603
6	2100	71,432	264,306	628,858	4,482	38,438	88,268
7	2150	72,600	282,656	650,863	4,595	38,811	90,597

図 4-3-21　列幅の変更

　ここで，A列の幅を狭くしすぎてしまうと，文字は一部が表示されますが，数字はすべて # に変わってしまいます。これは，一部しか表示されていない数字をそのセルに入っているデータだと受け取られてしまうと困るからです。このように表示された場合は，列幅を広げてください。

	A	B	C	D	E	F	G
1	将来推計人口（万人）						
2	年次	ヨーロッパ	アフリカ	アジア	オセアニア	北米	中南米
3	###	72,323	62,749	317,355	2,661	28,055	43,458
4	###	73,677	82,149	370,317	3,061	30,940	51,225
5	###	74,391	143,111	480,638	3,792	36,189	68,603
6	###	71,432	264,306	628,858	4,482	38,438	88,268
7	###	72,600	282,656	650,863	4,595	38,811	90,597

図 4-3-22　数字データの # 表示

　また，マウスポインタを列の境界線に合わせてダブルクリックすると，その列の最も長いデータに合わせて自動的に最適な列幅に調整してくれます。たとえば，B列からG列までを選択して，これらの列の境界をダブルクリックすると，次のように列幅を自動調整してくれます。

ダブルクリックする

	A	B	C	D	E	F	G
1	将来推計人口（万人）						
2	年次	ヨーロッパ	アフリカ	アジア	オセアニア	北米	中南米
3	1990	72,323	62,749	317,355	2,661	28,055	43,458
4	2000	73,677	82,149	370,317	3,061	30,940	51,225
5	2025	74,391	143,111	480,638	3,792	36,189	68,603
6	2100	71,432	264,306	628,858	4,482	38,438	88,268
7	2150	72,600	282,656	650,863	4,595	38,811	90,597

図 4-3-23　列幅の自動調整

また，セルの高さも同様な操作で変更することができます。

4-3-6　複数のセルを 1 つにまとめるには

通常，表のタイトルは表の中央に表示します。このためには，複数のセルを結合して 1 つのセルとし，そのセルの中央にデータを表示すればよいわけです。この操作は，Excel を使用すると簡単にできます。

まず，1 行目で表の左端から右端までのセルをドラッグして選択します。

	A	B	C	D	E	F	G
1	将来推計人口（万人）						
2	年次	ヨーロッパ	アフリカ	アジア	オセアニア	北米	中南米
3	1990	72,323	62,749	317,355	2,661	28,055	43,458
4	2000	73,677	82,149	370,317	3,061	30,940	51,225
5	2025	74,391	143,111	480,638	3,792	36,189	68,603
6	2100	71,432	264,306	628,858	4,482	38,438	88,268
7	2150	72,600	282,656	650,863	4,595	38,811	90,597

図 4-3-24　セルの選択

この状態で，リボンの[ホーム]タブにある[セルを結合して中央揃え]ボタンをクリックします。

クリックする

図 4-3-25　[セルを結合して中央揃え]ボタン

これで，タイトルがちょうど表の中央に表示されます。

	A	B	C	D	E	F	G
1	将来推計人口（万人）						
2	年次	ヨーロッパ	アフリカ	アジア	オセアニア	北米	中南米
3	1990	72,323	62,749	317,355	2,661	28,055	43,458
4	2000	73,677	82,149	370,317	3,061	30,940	51,225
5	2025	74,391	143,111	480,638	3,792	36,189	68,603
6	2100	71,432	264,306	628,858	4,482	38,438	88,268
7	2150	72,600	282,656	650,863	4,595	38,811	90,597

図 4-3-26　表のタイトルの中央揃え

4-4　グラフの作成

4-4-1　グラフの作成法

　Excel を使用すると，グラフにするデータを指定し，グラフの種類を選択するだけで，自動的に縦軸・横軸に適当な目盛を設定して，きれいなグラフを描くことができます。ここでは，先ほど作成した表のデータを元に，グラフの作成法について説明します。

　まず，セル B2〜G7 までのデータを選択します。

	A	B	C	D	E	F	G
1	将来推計人口（万人）						
2	年次	ヨーロッパ	アフリカ	アジア	オセアニア	北米	中南米
3	1990	72,323	62,749	317,355	2,661	28,055	43,458
4	2000	73,677	82,149	370,317	3,061	30,940	51,225
5	2025	74,391	143,111	480,638	3,792	36,189	68,603
6	2100	71,432	264,306	628,858	4,482	38,438	88,268
7	2150	72,600	282,656	650,863	4,595	38,811	90,597

図 4-4-1　データの選択

　この状態で，リボンの[挿入]タブにあるグラフの中の[縦棒]ボタンをクリックして，2-D 縦棒の中の[積み上げ縦棒]ボタンをクリックします。

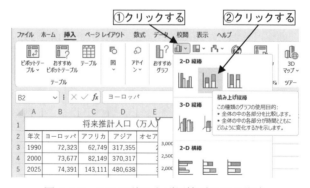

図 4-4-2　2-D の積み上げ縦棒グラフの作成

そうすると，次のようなグラフが作成されます。

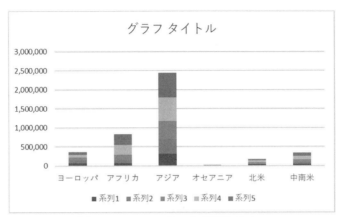

図 4-4-3　2-D の積み上げ縦棒グラフ

　横軸が地域になっていますが，これを年次に変更します。グラフが選択された状態では，リボンに[グラフツール]として[デザイン]と[書式]という新しいタブが現れますので，[グラフのデザイン]タブにある[行/列の切り替え]ボタンをクリックします。

図 4-4-4　行/列の切り替え

そうすると，次のように横軸が年次に切り替わります。

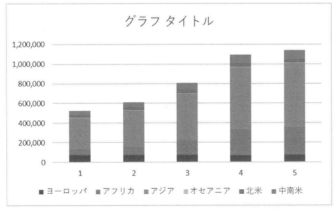

図 4-4-5　行と列を切り替えた後の 2-D の積み上げ縦棒グラフ

しかし，横軸の軸ラベルが設定されていないため，横軸の目盛には1, 2, 3, 4, 5 と表示されています。この軸ラベルを年次に変更したいので，[データの選択]ボタンをクリックします。

図 4-4-6　データの選択

[データ ソースの選択]ダイアログボックスが表示されますので，[編集]ボタンをクリックします。

図 4-4-7　データ ソースの編集

そうすると，[軸ラベル]ダイアログボックスが表示されますので，

図 4-4-8　軸ラベルの設定（1）

表の A3〜A7 までのセルをドラッグして選択します。

図 4-4-9　軸ラベルの設定（2）

[OK]ボタンをクリックして[データ ソースの選択]ダイアログボックスに戻り，ここでも
[OK]ボタンをクリックすると，横軸の軸ラベルを年次に変更できます。

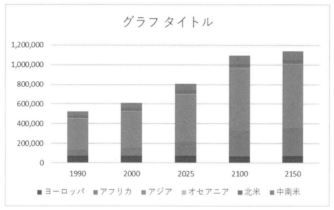

図 4-4-10　軸ラベルを変更した 2-D の積み上げ縦棒グラフ

次に，グラフタイトルを編集するには，グラフの上の[グラフタイトル]の部分をクリッ
クし，「グラフタイトル」という文字を消去して「将来推計人口」と入力します。

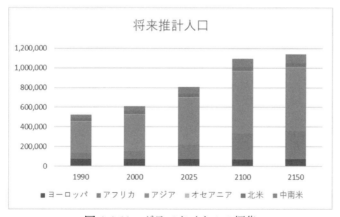

図 4-4-11　グラフタイトルの編集

さらに，軸ラベルを付けるには，グラフ右上の田マークをクリックし，[軸ラベル]のチ

ェックボックスをクリックし，チェックマークを付けます。

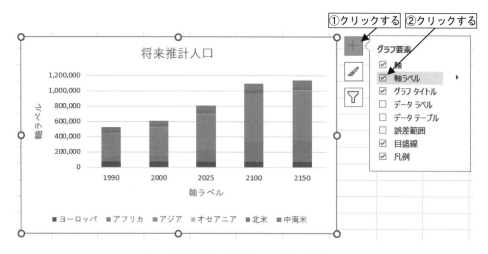

図 4-4-12　軸ラベルの追加 (1)

縦軸の左と横軸の下に，「軸ラベル」と表示されますので，この文字を消して，それぞれ「人口 (万人)」および「西暦 (年)」と入力します。

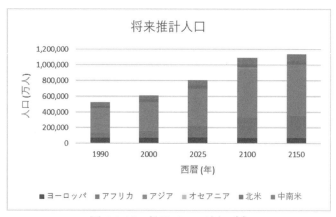

図 4-4-13　軸ラベルの追加 (2)

作成したグラフは，Word 文書中に挿入した図と同じように，拡大・縮小したり移動したりできます。

4-4-2　グラフの種類を変えるには

一度作成したグラフは，後から何回でもグラフの種類を変えることができます。ここでは，先ほど作成したグラフを折れ線グラフに変更してみましょう。まず，グラフをクリックして選択し，リボンの[デザイン]タブの[グラフの種類の変更]をクリックします。

図 4-4-14　グラフの種類の変更 (1)

そうすると，次のダイアログボックスが表示されます。

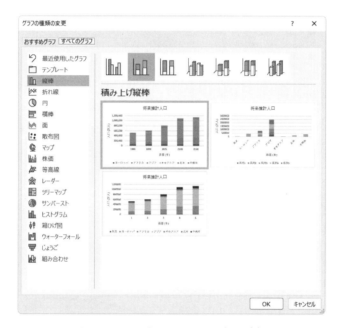

図 4-4-15　グラフの種類の変更 (2)

　現在は縦棒グラフの中の[積み上げ縦棒]が選択されていますが，折れ線グラフの中の[マーカー付折れ線]をクリックして[OK]ボタンをクリックします。

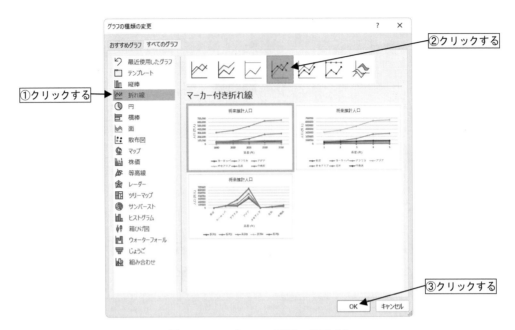

図 4-4-16　グラフの種類の変更 (3)

こうして，グラフの種類をマーカー付き折れ線グラフに変更できます。

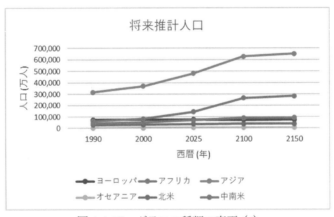

図 4-4-17　グラフの種類の変更 (4)

　このグラフから，2000年以降の人口増加は，アジアとアフリカがその大部分を占めることがわかります。しかしよく見ると，横軸の目盛の間隔がバラバラになっていることに気が付きます。間隔が違う数値を等間隔に表示するのは不適切ですので，このグラフは修正する必要があります。そこで，さらにグラフの種類を散布図の中の[散布図（直線とマーカー）]に変更します。

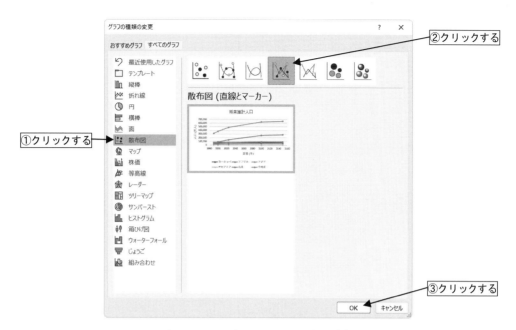

図 4-4-18 グラフの種類の変更 (5)

この操作で，グラフは次のような表示に変更されます。

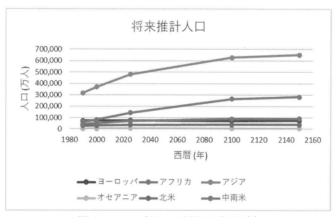

図 4-4-19 グラフの種類の変更 (6)

このように，同じデータを元に作成したグラフでもグラフの種類や軸のオプションなどによって見え方が大きく変わってきますので，そのデータで説明したい目的に最も適したグラフを選択するようにしましょう。

4-5　ファイルの保存と読み出し

4-5-1　ブックを保存するには

　基本操作はWordと同じです（§3-4参照）。ブックを保存するには，タイトルバーの[上書き保存]ボタンをクリックします。

図4-5-1　上書き保存

　そうすると次のような画面になります（[ファイル]タブから[名前を付けて保存]をクリックしても，同じ画面になります）。

図4-5-2　名前を付けて保存（1）

　ここで[場所を選択]の右側の▼をクリックして，[参照]をクリックすると，次のようなダイアログボックスが表示されます。

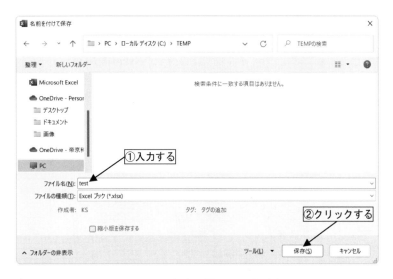

図 4-5-3　名前を付けて保存 (2)

　保存先がローカルディスク(C:)TEMP になっていることを確認してから，ファイル名としてたとえば test と入力して，[保存]ボタンをクリックします。

　ここでは，test と入力しましたが，Excel ファイルの場合には**拡張子**（ファイル名に続く“．”の後ろの文字）は通常は xlsx となります。ですから，test とだけ入力して[保存]ボタンをクリックすると，ファイル名は自動的に test.xlsx となります。

　この例のように，はじめて保存するときには上のようなダイアログボックスが開きますが，2 回目以降に[保存]ボタンをクリックするときには自動的に「上書き保存」されるので，ダイアログボックスは表示されません。

　エクスプローラーでローカルディスク(C:)TEMP を開くと，ブックが正常に保存されていることが確認できます。

図 4-5-4　保存したファイルの確認

4-5-2　保存してあるブックを開くには

図4-5-4のようにエクスプローラーでファイルを表示している場合は，ファイル名をダブルクリックすることにより，ファイルを開いて再びExcelで編集することが可能になります。

保存したファイルを開く別の方法としては，新しくExcelを起動した際，[最近使ったアイテム]に表示されているファイル名をクリックする方法もあります。

図4-5-5　ファイルを開く

4-6　印刷プレビューと印刷

4-6-1　印刷プレビューの使用法

作成したデータシートを印刷する前には，必ず印刷プレビューを行いましょう。印刷プレビューをすると，出力イメージがそのまま表示されますので，表やグラフの配置などをチェックすることができます。

印刷プレビューと印刷を行うには，リボンの[ファイル]タブから[印刷]をクリックします。

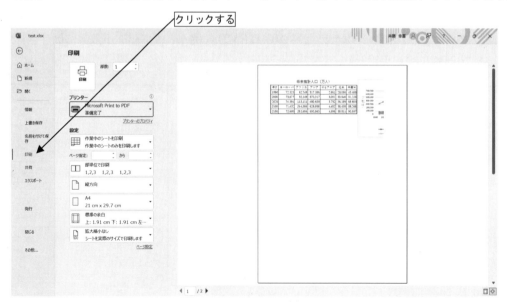

図4-6-1　印刷（1）

　そうすると，画面右側に印刷プレビューが表示されます。左側の設定のボタンで印刷に
関する簡単な設定ができますが，ここでは，より詳細な設定を行うため，設定ボタンの下
の**ページ設定**をクリックします。

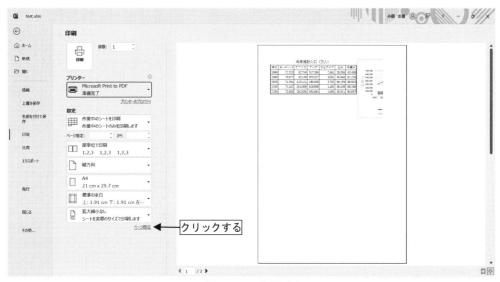

図 4-6-2　印刷（2）

4-6-2　余白を設定するには

　図 4-6-2 の**ページ設定**をクリックすると，[ページ設定]ダイアログボックスが表示されま
すので，まず[余白]タブをクリックします。

図 4-6-3　[ページ設定]ダイアログボックス

　ここで，上下左右の余白をすべて1に変更して，[OK]ボタンをクリックすると，上下左右の余白がすべて1cmに変更されます。

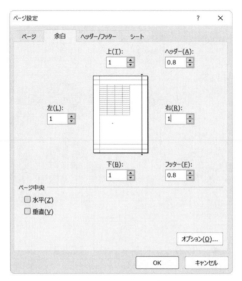

図4-6-4 余白の変更

　この図で，[ページ中央]の[水平]または[垂直]をクリックすると，余白の大きさにかかわらず，ページの水平方向または垂直方向に対してちょうど中央に印刷することができます。

4-6-3 拡大/縮小印刷するには

　拡大または縮小印刷するには，[ページ設定]ダイアログボックスで，[ページ]タブをクリックします。

図 4-6-5　[拡大/縮小印刷]の設定

　[拡大/縮小印刷]の[拡大/縮小]の数値には 100 が表示されていますが，この数値を変えれば拡大/縮小印刷ができます。また，ここでは用紙サイズなどの設定もできます。

　ここで作成したワークシートのサイズは，A4 用紙に比べて横幅が大きいので 1 ページに入りません。このような大きな表やグラフを印刷する場合は，図 4-6-6 のように，[次のページ数に合わせて印刷]をクリックし，横 1×縦 1 を指定すると，1 ページに収まるように自動的にサイズを調節して縮小印刷することができます。

図 4-6-6　自動縮小印刷の設定

4-6-4 実際にプリンタに印刷するには

さまざまな設定を行った後，イメージ通りに印刷できるかどうか印刷プレビューで確認してください。この後，実際に印刷するには，図4-6-2の[印刷]ボタンをクリックします。無駄な印刷を避けるために，ここで説明したような手順で印刷するようにしてください。

4-7 簡単な計算

本節では，図4-7-1に示す表を作成しながらExcelを使用した簡単な計算法について説明します。

	A	B	C	D	E	F	G
1	支店別売上金額（万円）						
2		4月	5月	6月	合計	平均	構成比
3	仙台支店	1,500	2,220	2,600	6,320	2,107	17.32%
4	東京支店	3,900	5,700	4,800	14,400	4,800	39.46%
5	名古屋支店	2,500	2,600	2,860	7,960	2,653	21.81%
6	福岡支店	3,200	2,600	2,010	7,810	2,603	21.40%
7	合計	11,100	13,120	12,270	36,490	12,163	100.00%

図4-7-1 完成した表

4-7-1 合計を計算するには

まず，次の表を作成します。

	A	B	C	D	E	F	G
1	支店別売上金額（万円）						
2		4月	5月	6月	合計	平均	構成比
3	仙台支店	1,500	2,220	2,600			
4	東京支店	3,900	5,700	4,800			
5	名古屋支店	2,500	2,600	2,860			
6	福岡支店	3,200	2,600	2,010			
7	合計						

図4-7-2 データ入力

4月の合計を求めるには，セルB7をクリックしてから，リボンの[ホーム]タブにある[合計]ボタンをクリックします。

図 4-7-3　[合計]ボタン

そうすると，画面は次のように変わります。

	A	B	C	D	E	F	G
1		支店別売上金額（万円）					
2		4月	5月	6月	合計	平均	構成比
3	仙台支店	1,500	2,220	2,600			
4	東京支店	3,900	5,700	4,800			
5	名古屋支店	2,500	2,600	2,860			
6	福岡支店	3,200	2,600	2,010			
7	合計	=SUM(B3:B6)					
8		SUM(**数値1**, [数値2], ...)					

図 4-7-4　オートサム（1）

　これは，**オートサム**と呼ばれる機能で，自動的に数値の入っているセルを選択して，それらの合計を求めてくれます。ここでは，図 4-7-4 のように点線で囲まれたセルの数値の合計を計算します。ワークシートの上の[数式]バーにはこのセルに入っている数式「=SUM(B3:B6)」が表示されています。もし，点線で囲まれた範囲が希望する範囲ではなかった場合には，ドラッグして範囲を指定します。今回は，ちょうど各支店のデータが点線で囲まれた範囲に入っているので，このまま Enter キーを押します。

	A	B	C	D	E	F	G
1		支店別売上金額（万円）					
2		4月	5月	6月	合計	平均	構成比
3	仙台支店	1,500	2,220	2,600			
4	東京支店	3,900	5,700	4,800			
5	名古屋支店	2,500	2,600	2,860			
6	福岡支店	3,200	2,600	2,010			
7	合計	11,100					

図 4-7-5　オートサム（2）

　そうすると，図 4-7-5 のように 4 月の各支店の売上の合計が計算できます。同様にして，仙台支店の 4〜6 月までの売上の合計を計算するには，セル E3 をクリックした後，[合計]ボタンをクリックします。

	A	B	C	D	E	F	G
1			支店別売上金額（万円）				
2		4月	5月	6月	合計	平均	構成比
3	仙台支店	1,500	2,220	2,600	=SUM(B3:D3)		
4	東京支店	3,900	5,700	4,800	SUM(数値1, [数値2], …)		
5	名古屋支店	2,500	2,600	2,860			
6	福岡支店	3,200	2,600	2,010			
7	合計	11,100					

図 4-7-6 オートサム (3)

この場合にも，ちょうど目的の範囲が選択されているので，このまま Enter キーを押します。そうすると，次のように合計が計算されます。

	A	B	C	D	E	F	G
1			支店別売上金額（万円）				
2		4月	5月	6月	合計	平均	構成比
3	仙台支店	1,500	2,220	2,600	6,320		
4	東京支店	3,900	5,700	4,800			
5	名古屋支店	2,500	2,600	2,860			
6	福岡支店	3,200	2,600	2,010			
7	合計	11,100					

図 4-7-7 オートサム (4)

4-7-2 数式をコピーするには

同じようにそれぞれの合計を計算すればよいのですが，数式をコピーした方が簡単です。コピーの方法はいくつかありますが，1つの方法は，データのコピーと同じように，コピーしたいセルを選択してからリボンの[ホーム]タブにある[コピー]ボタンをクリックします。たとえば，セル E3 の数式をセル E4 にコピーするには，セル E3 をクリックしてから[コピー]ボタンをクリックします。

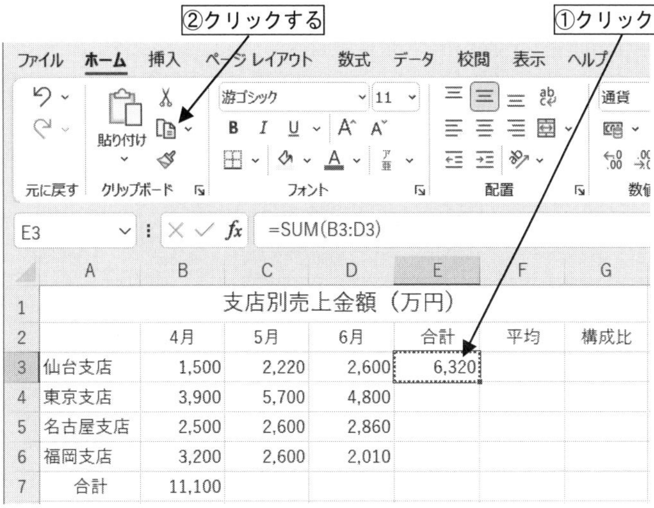

図 4-7-8　数式のコピー（1）

　この操作で，セル E3 に入っていた数式がクリップボードへコピーされます。次に，セル E4 を選択し，[貼り付け]ボタンをクリックすると，数式がコピーされます。

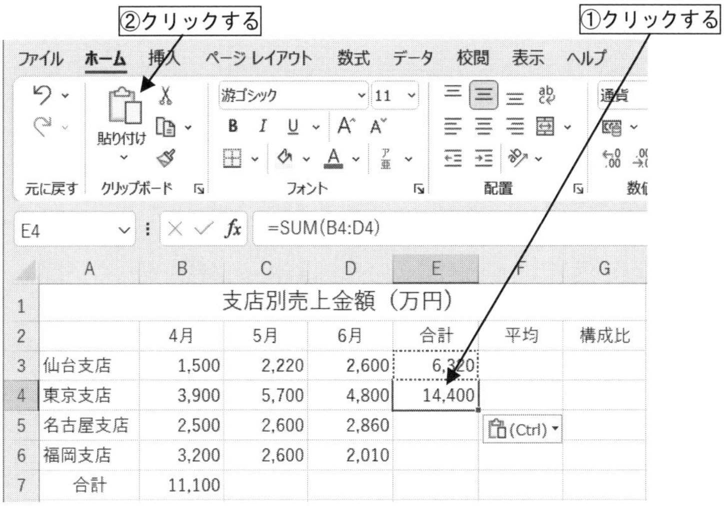

図 4-7-9　数式の貼り付け

　ここで注意する点は，セル E3 に入っていた数式は「=SUM(B3:D3)」であったのに対し，セル E4 にコピーされた数式は「=SUM(B4:D4)」であることです。このように，数式の中にセルの番地が入っていると，コピーしたセルの場所に応じて自動的に参照するセルの番地が変化します。これを**相対参照**と呼びます。

　Excel ではこのように普通に数式をコピーすると相対参照になります。この機能によって数式のコピーが簡単にできるわけです。

　また、もう1つ便利なコピー法があります。コピーしたいセルを選択した後、そのセルの右下にマウスポインタを合わせると、マウスポインタの形が **＋** のように変化します。この状態でドラッグすると、ドラッグした領域すべてに数式がコピーされます。ここでは、E4 のセルに入っている数式をセル E5 と E6 にコピーしています。

	A	B	C	D	E	F	G
1			支店別売上金額（万円）				
2		4月	5月	6月	合計	平均	構成比
3	仙台支店	1,500	2,220	2,600	6,320		
4	東京支店	3,900	5,700	4,800	14,400		
5	名古屋支店	2,500	2,600	2,860	7,960		
6	福岡支店	3,200	2,600	2,010	7,810		
7	合計	11,100					

図 4-7-10　数式のコピー (2)

　この操作の方が直感的で簡単です。同じようにして、セル B7 に入っている数式をセル C7〜E7 にコピーします。

	A	B	C	D	E	F	G
1			支店別売上金額（万円）				
2		4月	5月	6月	合計	平均	構成比
3	仙台支店	1,500	2,220	2,600	6,320		
4	東京支店	3,900	5,700	4,800	14,400		
5	名古屋支店	2,500	2,600	2,860	7,960		
6	福岡支店	3,200	2,600	2,010	7,810		
7	合計	11,100	13,120	12,270	36,490		
8							

図 4-7-11　数式のコピー (3)

4-7-3　セルを使用した計算をするには

　次に、各月の平均売上高を求めます。このためには、4〜6 月までの合計を 3 で割ればよいわけです（関数を使用する方法もありますが、この方法については次節で説明します）。まず、セル F3 を選択し、キーボードから半角の「=」を入力します。

	A	B	C	D	E	F	G
1				支店別売上金額（万円）			
2		4月	5月	6月	合計	平均	構成比
3	仙台支店	1,500	2,220	2,600	6,320	=	
4	東京支店	3,900	5,700	4,800	14,400		
5	名古屋支店	2,500	2,600	2,860	7,960		
6	福岡支店	3,200	2,600	2,010	7,810		
7	合計	11,100	13,120	12,270	36,490		

図 4-7-12　セルを使用した計算（1）

ここで，セル E3 をクリックします。

	A	B	C	D	E	F	G
1				支店別売上金額（万円）			
2		4月	5月	6月	合計	平均	構成比
3	仙台支店	1,500	2,220	2,600	6,320	=E3	
4	東京支店	3,900	5,700	4,800	14,400		
5	名古屋支店	2,500	2,600	2,860	7,960		
6	福岡支店	3,200	2,600	2,010	7,810		
7	合計	11,100	13,120	12,270	36,490		

図 4-7-13　セルを使用した計算（2）

そうすると，セル F3 には「=E3」という数式が入ります。これに続けてキーボードから「/3」と入力し，Enter キーを押します。

	A	B	C	D	E	F	G
1				支店別売上金額（万円）			
2		4月	5月	6月	合計	平均	構成比
3	仙台支店	1,500	2,220	2,600	6,320	2106.667	
4	東京支店	3,900	5,700	4,800	14,400		
5	名古屋支店	2,500	2,600	2,860	7,960		
6	福岡支店	3,200	2,600	2,010	7,810		
7	合計	11,100	13,120	12,270	36,490		

図 4-7-14　セルを使用した計算（3）

そうすると，図のように仙台支店の 4〜6 月までの平均売上高が計算できます。
あとは，セル F3 に入っている数式をセル F4〜F7 にコピーします。

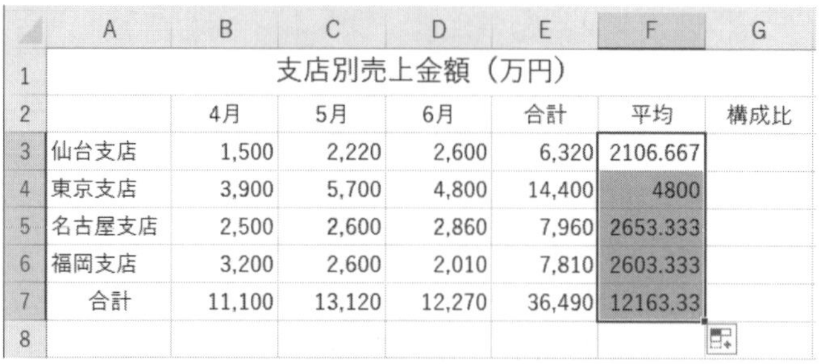

図 4-7-15　数式のコピー（4）

　平均に小数点以下の数値まで表示されていますので，［桁区切りスタイル］ボタンをクリックして，3桁ごとにカンマを入れた整数表示に変更します。このとき，小数点以下の数値は四捨五入されて整数表示されますが，セルの中には小数点以下の数値も含む実数のデータが入っていることに注意してください。

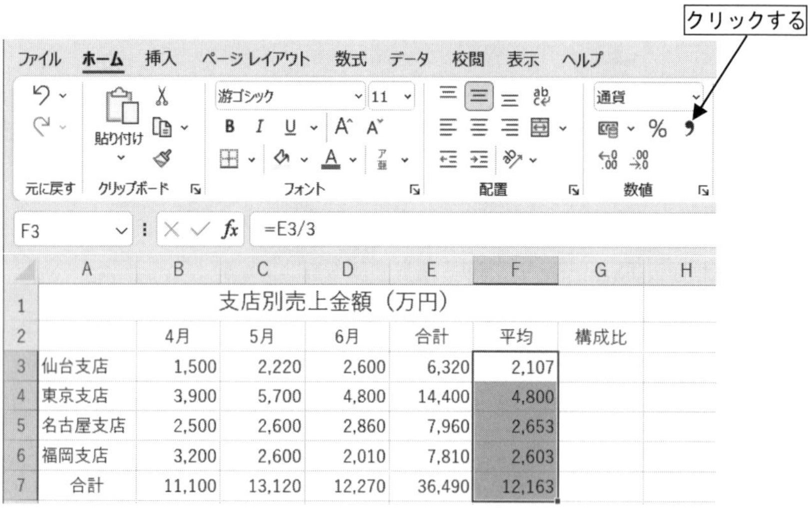

図 4-7-16　数式のコピー（5）

4-7-4　絶対参照を使用するには

　次に，全体の合計売上金額に対する各支店の構成比を求めてみましょう。まず，セルG3に次のような数式を入力します。

図 4-7-17　構成比の計算 (1)

Enter キーを押すと，全体に対する仙台支店の構成比が計算できます。

図 4-7-18　構成比の計算 (2)

しかし，この数式をセル G4〜G7 にコピーすると，次のようになってしまいます。

図 4-7-19　数式のコピー (6；相対参照)

　セル G4〜G7 の #DIV/0! という表示は 0 で割り算をしたという警告メッセージです。この理由は，セル G3 の数式をセル G4 にコピーすると**相対参照**であるために，セル G4 には「=E4/E8」という数式が入ってしまい，データが入っていないセル E8 で割り算してしまうためです。これを防ぐには，**絶対参照**を使用します。

　まず，セル G3〜G7 を選択して Delete キーを押し，データを削除します。

	A	B	C	D	E	F	G
1	支店別売上金額（万円）						
2		4月	5月	6月	合計	平均	構成比
3	仙台支店	1,500	2,220	2,600	6,320	2,107	
4	東京支店	3,900	5,700	4,800	14,400	4,800	
5	名古屋支店	2,500	2,600	2,860	7,960	2,653	
6	福岡支店	3,200	2,600	2,010	7,810	2,603	
7	合計	11,100	13,120	12,270	36,490	12,163	

図 4-7-20　データのクリア

次に，セル G3 に次の数式を入力します。

	A	B	C	D	E	F	G
1	支店別売上金額（万円）						
2		4月	5月	6月	合計	平均	構成比
3	仙台支店	1,500	2,220	2,600	6,320	2,107	=E3/E7
4	東京支店	3,900	5,700	4,800	14,400	4,800	
5	名古屋支店	2,500	2,600	2,860	7,960	2,653	
6	福岡支店	3,200	2,600	2,010	7,810	2,603	
7	合計	11,100	13,120	12,270	36,490	12,163	

図 4-7-21　絶対参照（1）

ここで，ファンクションキーの F4 を押します。

	A	B	C	D	E	F	G
1	支店別売上金額（万円）						
2		4月	5月	6月	合計	平均	構成比
3	仙台支店	1,500	2,220	2,600	6,320	2,107	=E3/$E$7
4	東京支店	3,900	5,700	4,800	14,400	4,800	
5	名古屋支店	2,500	2,600	2,860	7,960	2,653	
6	福岡支店	3,200	2,600	2,010	7,810	2,603	
7	合計	11,100	13,120	12,270	36,490	12,163	

図 4-7-22　絶対参照（2）

　そうすると，セル G3 には「=E3/$E$7」という数式が入りますので，Enter キーを押してください。

	A	B	C	D	E	F	G
1				支店別売上金額（万円）			
2		4月	5月	6月	合計	平均	構成比
3	仙台支店	1,500	2,220	2,600	6,320	2,107	0.173198
4	東京支店	3,900	5,700	4,800	14,400	4,800	
5	名古屋支店	2,500	2,600	2,860	7,960	2,653	
6	福岡支店	3,200	2,600	2,010	7,810	2,603	
7	合計	11,100	13,120	12,270	36,490	12,163	

図 4-7-23　絶対参照（3）

　次に，この数式をセル G4～G7 にコピーすると，次のように正しい構成比を計算できます。

	A	B	C	D	E	F	G
1				支店別売上金額（万円）			
2		4月	5月	6月	合計	平均	構成比
3	仙台支店	1,500	2,220	2,600	6,320	2,107	0.173198
4	東京支店	3,900	5,700	4,800	14,400	4,800	0.394629
5	名古屋支店	2,500	2,600	2,860	7,960	2,653	0.218142
6	福岡支店	3,200	2,600	2,010	7,810	2,603	0.214031
7	合計	11,100	13,120	12,270	36,490	12,163	1
8							

図 4-7-24　絶対参照（4）

　ここで，セル G4 をダブルクリックしてこのセルに入っている数式を表示すると，次のようになっています。

	A	B	C	D	E	F	G
1				支店別売上金額（万円）			
2		4月	5月	6月	合計	平均	構成比
3	仙台支店	1,500	2,220	2,600	6,320	2,107	0.173198
4	東京支店	3,900	5,700	4,800	14,400	4,800	=E4/$E$7
5	名古屋支店	2,500	2,600	2,860	7,960	2,653	0.218142
6	福岡支店	3,200	2,600	2,010	7,810	2,603	0.214031
7	合計	11,100	13,120	12,270	36,490	12,163	1

図 4-7-25　絶対参照（5）

　つまり，コピーしても「$E$7」という部分は変わらないわけです。これが**絶対参照**の仕組みです。このように，数式をコピーしても参照するセルを変えたくないときには，絶対参照を使用します。

　ここでは，ファンクションキーの F4 を 1 回だけ押したので，「$E$7」となりましたが，

もう 1 回 F4 を押すと,「E$7」となります。これは行だけを絶対参照することを意味しています (実は,この例題では下方向に数式をコピーするので,この行だけの絶対参照でも十分です)。さらにもう 1 回 F4 を押すと,「$E7」となり,列だけを絶対参照することになります。さらにもう 1 回押すと,「E7」と表示され,相対参照になります。このように,ファンクションキー F4 は相対参照と絶対参照を切り替えるためのロータリースイッチになっています。

セル G4 をダブルクリックしましたので,現在はセル G4 の編集モードになっていますが,Esc キーまたは Enter キーを押すと,セルの内容を変更せずにセル編集モードから抜けることができます。

次に,構成比のデータの入ったセル G3〜G7 を選択し,[パーセント スタイル]ボタンをクリックしてパーセント表示に変更し,[小数点以下の表示桁数を増やす]ボタンを 2 回クリックして小数点以下第 2 位まで表示させます。

図 4-7-26 パーセント表示→表示桁数の増加

最後に,表に罫線を引いて,図 4-7-1 の表が完成します。

4-7-5 セルに入っている値だけをコピーするには

もう 1 つ,よく使用される機能について説明します。まず,セル A8 に「東京支店の構成比＝」と入力します。

	A	B	C	D	E	F	G
1	支店別売上金額（万円）						
2		4月	5月	6月	合計	平均	構成比
3	仙台支店	1,500	2,220	2,600	6,320	2,107	17.32%
4	東京支店	3,900	5,700	4,800	14,400	4,800	39.46%
5	名古屋支店	2,500	2,600	2,860	7,960	2,653	21.81%
6	福岡支店	3,200	2,600	2,010	7,810	2,603	21.40%
7	合計	11,100	13,120	12,270	36,490	12,163	100.00%
8	東京支店の構成比＝						

図 4-7-27 構成比をコピーする（1）

ここで,セル C8 に計算結果のデータが入ったセル G4 の値だけをコピーするには,どうすればよいのでしょうか？ 普通にセル G4 をコピーしてセル C8 に貼り付けると,次の

ように表示されてしまいます。

	A	B	C	D	E	F	G
1				支店別売上金額（万円）			
2		4月	5月	6月	合計	平均	構成比
3	仙台支店	1,500	2,220	2,600	6,320	2,107	17.32%
4	東京支店	3,900	5,700	4,800	14,400	4,800	39.46%
5	名古屋支店	2,500	2,600	2,860	7,960	2,653	21.81%
6	福岡支店	3,200	2,600	2,010	7,810	2,603	21.40%
7	合計	11,100	13,120	12,270	36,490	12,163	100.00%
8	東京支店の構成比 ⚠	#VALUE!					
9			🗋(Ctrl) ▾				

図 4-7-28　構成比をコピーする（2）

セル C8 には「#VALUE!」と表示されていますが，これは参照先のデータが数値ではないというメッセージです。つまり，セル G4 の数式「=E4/$E$7」では，セル E4 が相対参照であったために，セル C8 に数式をコピーしたときにはセル C8 の左側のセルを使用して計算しようとします。ところが，セル C8 の左側には数値ではなく文字が入力されているので，計算ができないということになります。セル G4 の数式を「=$E$4/$E$7」のように両方とも絶対参照にしてしまえばよいのですが，ここでは計算結果の数値だけを利用したいので，次のようにします。

まず，クイックツールバーの[元に戻す]ボタンをクリックして，コピー前の状態に戻してください。次に，もう一度，セル G4 をコピーした後，セル C8 をクリックし，リボンの[ホーム]タブにある[貼り付け]ボタンの下の▼をクリックし，[値の貼り付け]の[値と数値の書式]をクリックします。

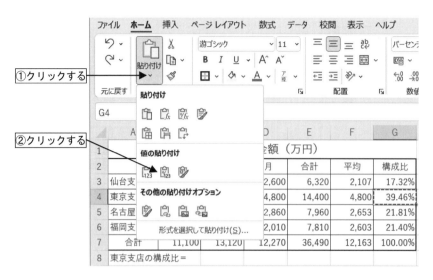

図 4-7-29　値の貼り付け（1）

この操作で計算結果の値と数値の書式をコピーすることができます。

	A	B	C	D	E	F	G
1	支店別売上金額（万円）						
2		4月	5月	6月	合計	平均	構成比
3	仙台支店	1,500	2,220	2,600	6,320	2,107	17.32%
4	東京支店	3,900	5,700	4,800	14,400	4,800	39.46%
5	名古屋支店	2,500	2,600	2,860	7,960	2,653	21.81%
6	福岡支店	3,200	2,600	2,010	7,810	2,603	21.40%
7	合計	11,100	13,120	12,270	36,490	12,163	100.00%
8	東京支店の構成比 =		39.46%				
9							

図 4-7-30　値の貼り付け（2）

　または，図 4-7-27 のコピー直後に，セル C8 の右下に表示されている[貼り付けのオプション]ボタンをクリックし，[値と数値の書式]をクリックすることでも同じ操作ができます。

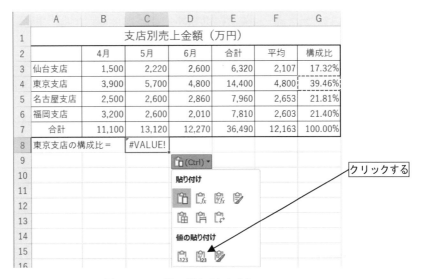

図 4-7-31 値の貼り付け (3)

この方法を用いると，計算結果だけを別のセルにコピーして使用することができます。

4-8 関数を使用した複雑な計算

Excel に用意された関数を使用すると，従来プログラミング言語を使用してプログラムを作成しなければならなかったような複雑な計算も可能になります。ここでは，いくつかの計算例を紹介します。

4-8-1 条件を判断して処理を選択するには

まず，次のデータを入力します。

	A	B	C	D	E	F
1	No.	英語	数学	国語	平均点	評価
2	1001	56	68	60		
3	1002	60	40	38		
4	1003	80	88	90		
5	1004	76	46	53		
6	1005	77	90	56		

図 4-8-1 データ入力

セル E2 をクリックしてから，リボンの[数式]タブをクリックし，[オート SUM]ボタンの下の▼をクリックし，[平均]をクリックします。

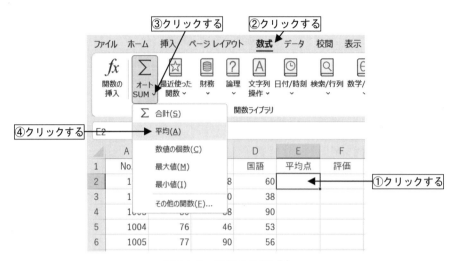

図 4-8-2 平均の計算（1）

そうすると，次のようにセル A2〜D2 までの平均を求める数式「=AVERAGE(A2:D2)」
が表示されます。

	A	B	C	D	E	F	G
1	No.	英語	数学	国語	平均点	評価	
2	1001	56	68	60	=AVERAGE(A2:D2)		
3	1002	60	40	38	AVERAGE(**数値1**, [数値2], ...)		
4	1003	80	88	90			
5	1004	76	46	53			
6	1005	77	90	56			

図 4-8-3 平均の計算（2）

しかし，求めたいのはセル B2〜D2 までの平均なので，この状態でセル B2〜D2 までを
マウスでドラッグして選択します。

	A	B	C	D	E	F	G
1	No.	英語	数学	国語	平均点	評価	
2	1001	56	68	60	=AVERAGE(B2:D2)		
3	1002	60	40	38	AVERAGE(**数値1**, [数値2], ...)		
4	1003	80	88	90			
5	1004	76	46	53			
6	1005	77	90	56			

図 4-8-4 平均の計算（3）

Enter キーを押すと，No.1001 の受験者の 3 教科の平均点が求められます。

図 4-8-5　平均の計算（4）

　ここで，求めた平均点の入ったセル E2 の左上に緑色の三角形が表示されていますが，セル E2 をクリックし，左隣に表示された[警告]ボタンをクリックすると，次のような警告が表示されます。

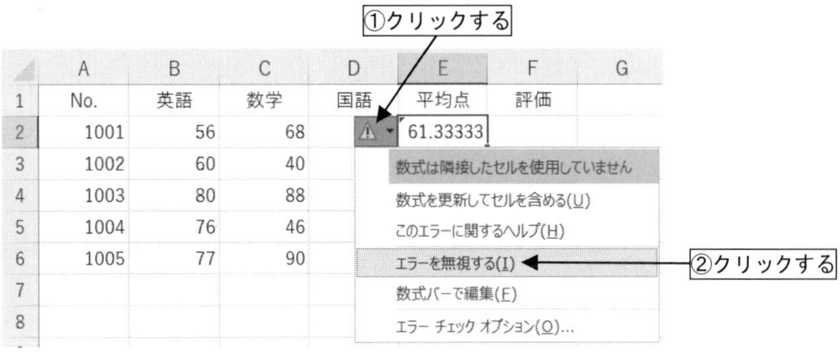

図 4-8-6　平均の計算（5）

　受験番号の入ったセル A2 のデータを使用しないで計算していますので，このようなエラーメッセージが表示されていますが，[エラーを無視する]をクリックすると，緑色の三角形は消えます。さらに，リボンの[ホーム]タブにある[小数点以下の表示桁数を減らす]ボタンを何度かクリックして小数点以下第 1 位までを表示すると，次のようになります。

図 4-8-7　平均の計算（6）

　セル E2 をセル E3〜E6 までコピーすると，次のようになります。

	A	B	C	D	E	F
1	No.	英語	数学	国語	平均点	評価
2	1001	56	68	60	61.3	
3	1002	60	40	38	46.0	
4	1003	80	88	90	86.0	
5	1004	76	46	53	58.3	
6	1005	77	90	56	74.3	

図 4-8-8　平均の計算 (7)

　警告を表す緑色の三角形は，画面には表示されていますが，印刷はされませんので，このままでもかまいません。さらに，平均点 60 点以上を合格，60 点未満を不合格と評価するため，セル F2 をクリックしてから，リボンの[数式]タブをクリックし，[論理]ボタンをクリックし，[IF]をクリックします。

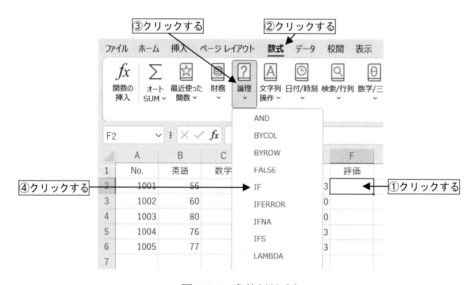

図 4-8-9　条件判断 (1)

そうすると，次のようなダイアログボックスが開きます。

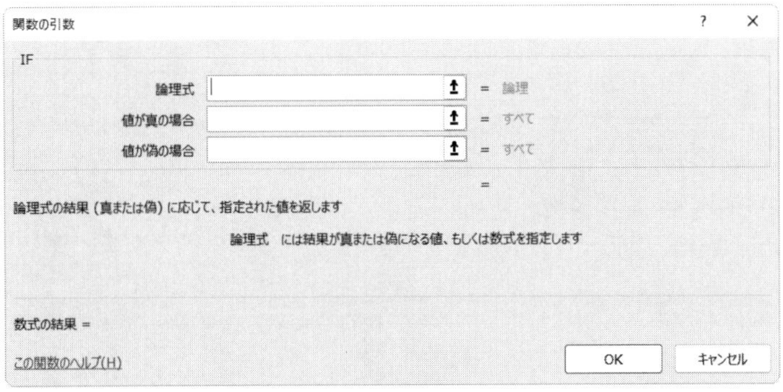

図 4-8-10　条件判断（2）

　ここで，セル E2 をクリックしてから，半角で「>=60」と入力します（キーボードから
直接 E2 と入力してもよいのですが，参照するセルを直接クリックした方が簡単で間違い
が少なくなります）。

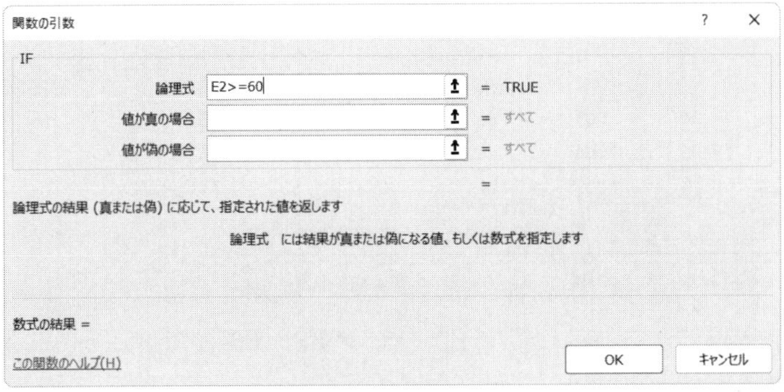

図 4-8-11　条件判断（3）

　さらに，[真の場合]の欄に「合格」，[偽の場合]の欄に「不合格」と入力します（単に合
格または不合格と入力すれば，文字は自動的にダブルクォーテーションマークで囲まれま
す）。

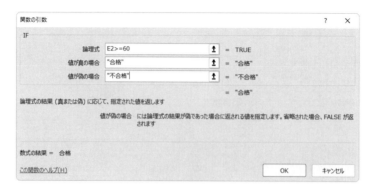

図 4-8-12 条件判断（4）

[OK]ボタンをクリックすると，セルF2には「=IF(E2>=60,"合格","不合格")」という数式が入り，合格と表示されます。

	A	B	C	D	E	F
1	No.	英語	数学	国語	平均点	評価
2	1001	56	68	60	61.3	合格
3	1002	60	40	38	46.0	
4	1003	80	88	90	86.0	
5	1004	76	46	53	58.3	
6	1005	77	90	56	74.3	

図 4-8-13 条件判断（5）

この文字を中央揃えしてから，セルF2をセルF3〜F6までコピーし，罫線を引くと，次のような表が完成します。

	A	B	C	D	E	F
1	No.	英語	数学	国語	平均点	評価
2	1001	56	68	60	61.3	合格
3	1002	60	40	38	46.0	不合格
4	1003	80	88	90	86.0	合格
5	1004	76	46	53	58.3	不合格
6	1005	77	90	56	74.3	合格

図 4-8-14 条件判断（6）

4-8-2 平均値と標準偏差を求めるには

まず，次のような児童の身長データを入力し，これらのデータの平均値と標準偏差を求めるために，セルA11とセルA12にそれぞれ平均値および標準偏差と入力し，文字を中央揃えした後，罫線を引きます。

	A	B	C	D	E	F	G	H
1				児童の身長（cm）				
2	126.3	113.0	110.1	126.9	118.5	125.4	134.2	124.7
3	118.5	123.8	124.2	122.8	120.3	113.3	127.7	131.0
4	119.3	124.2	122.1	120.8	116.8	111.7	127.0	130.7
5	117.7	111.6	118.3	119.2	118.6	118.2	123.5	117.1
6	123.4	117.0	119.0	120.0	124.4	122.6	131.3	115.3
7	121.4	125.6	116.6	124.5	116.0	119.9	123.3	118.0
8	121.2	122.5	114.4	121.6	117.7	122.4	123.8	116.6
9	110.0	135.1	124.6	124.5	129.8	119.8	126.3	113.0
10								
11	平均値							
12	標準偏差							

図 4-8-15　データ入力

　平均値を求めるには，セル B11 をクリックした後，リボンの[数式]タブをクリックし，[オート SUM]ボタンの下の▼をクリックし，[平均]をクリックします。

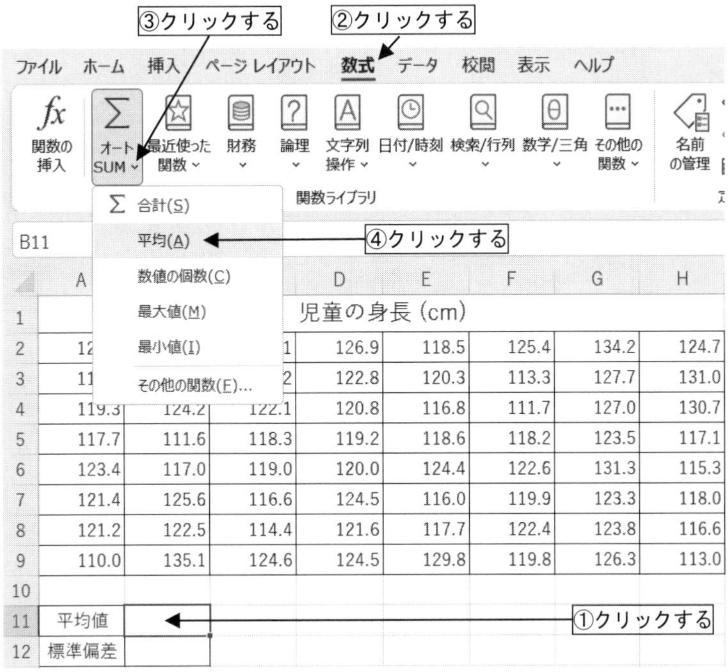

図 4-8-16　平均の計算（1）

　そうすると，セル B11 にはセル B2～B10 までの平均を求める関数が表示されます。

	A	B	C	D	E	F	G	H
1				児童の身長 (cm)				
2	126.3	113.0	110.1	126.9	118.5	125.4	134.2	124.7
3	118.5	123.8	124.2	122.8	120.3	113.3	127.7	131.0
4	119.3	124.2	122.1	120.8	116.8	111.7	127.0	130.7
5	117.7	111.6	118.3	119.2	118.6	118.2	123.5	117.1
6	123.4	117.0	119.0	120.0	124.4	122.6	131.3	115.3
7	121.4	125.6	116.6	124.5	116.0	119.9	123.3	118.0
8	121.2	122.5	114.4	121.6	117.7	122.4	123.8	116.6
9	110.0	135.1	124.6	124.5	129.8	119.8	126.3	113.0
10								
11	平均値	=AVERAGE(B2:B10)						
12	標準偏差	AVERAGE(**数値1**, [数値2], ...)						

図 4-8-17　平均の計算（2）

　しかし，平均を求めるデータ範囲が違うため，この状態でセル A2〜H9 までをマウスでドラッグして選択します。

	A	B	C	D	E	F	G	H
1				児童の身長 (cm)				
2	126.3	113.0	110.1	126.9	118.5	125.4	134.2	124.7
3	118.5	123.8	124.2	122.8	120.3	113.3	127.7	131.0
4	119.3	124.2	122.1	120.8	116.8	111.7	127.0	130.7
5	117.7	111.6	118.3	119.2	118.6	118.2	123.5	117.1
6	123.4	117.0	119.0	120.0	124.4	122.6	131.3	115.3
7	121.4	125.6	116.6	124.5	116.0	119.9	123.3	118.0
8	121.2	122.5	114.4	121.6	117.7	122.4	123.8	116.6
9	110.0	135.1	124.6	124.5	129.8	119.8	126.3	113.0
10								
11	平均値	=AVERAGE(A2:H9)						
12	標準偏差	AVERAGE(**数値1**, [数値2], ...)						

図 4-8-18　平均の計算（3）

　ここで Enter キーを押すと，次のように平均値が求められます。

	A	B	C	D	E	F	G	H
1				児童の身長（cm）				
2	126.3	113.0	110.1	126.9	118.5	125.4	134.2	124.7
3	118.5	123.8	124.2	122.8	120.3	113.3	127.7	131.0
4	119.3	124.2	122.1	120.8	116.8	111.7	127.0	130.7
5	117.7	111.6	118.3	119.2	118.6	118.2	123.5	117.1
6	123.4	117.0	119.0	120.0	124.4	122.6	131.3	115.3
7	121.4	125.6	116.6	124.5	116.0	119.9	123.3	118.0
8	121.2	122.5	114.4	121.6	117.7	122.4	123.8	116.6
9	110.0	135.1	124.6	124.5	129.8	119.8	126.3	113.0
10								
11	平均値	121.2						
12	標準偏差							

図 4-8-19　平均値の計算（4）

　同じようにして，標準偏差を求めます。セル B12 をクリックした後，リボンの[数式]タブの[その他の関数]ボタンをクリックし，[統計]の中から[STDEV.S]をクリックします。

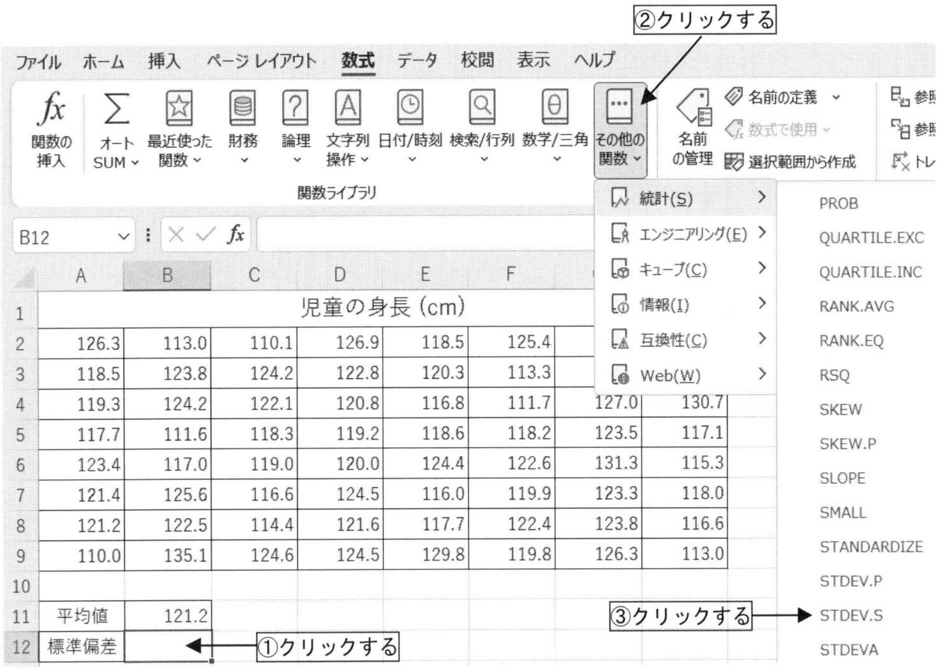

図 4-8-20　標準偏差の計算（1）

　そうすると，次のようなダイアログボックスが表示されます。

図 4-8-21　標準偏差の計算 (2)

　ここでも同じように，この状態でマウスをドラッグしてセル A2〜H9 を選択します（[数値 2]には何も入力する必要はありません）。

図 4-8-22　標準偏差の計算 (3)

　[OK]ボタンをクリックすると，セル B12 には計算された標準偏差が表示されます。

図 4-8-23　標準偏差の計算 (4)

　これで，平均値と標準偏差が計算できましたが，小数点以下の桁数が適当ではありませんので，小数点以下第 2 位までの表示に変更します。

| 11 | 平均値 | 121.2 |
| 12 | 標準偏差 | 5.57 |

図 4-8-24　小数点以下の表示桁数の変更

このように，関数を使用すると，複雑な計算も簡単に行うことができます。

4-8-3　度数分布表とヒストグラムを作成するには

次に，上のデータを元に，度数分布表とヒストグラムを作成します。

まず，先ほどの表の下に次のように身長範囲と度数および区間配列の表を入力します。

11	平均値	121.2		
12	標準偏差	5.57		
13				
14	身長範囲	度数		区間配列
15	110以下			110
16	110〜115			115
17	115〜120			120
18	120〜125			125
19	125〜130			130
20	130〜135			135
21	135より大			
22	合計			

図 4-8-25　度数分布表の作成 (1)

ここで，**区間配列**とはデータをグループ化するための区切りの値です。この例では区間配列の最初の数値は 110 ですが，こうするとセル B15 には身長 110cm 以下のデータの個数（度数）が求められます。区間配列の次の値は 115 ですので，セル B16 には身長が 110cm より大きくて 115cm 以下の度数が入ります。また，区間配列の最後の値は 135 ですので，セル B21 に 135cm より大きいデータの個数が入ります。このように，配列として返されるデータの個数は，区間配列で指定したデータの個数よりも常に 1 つ多くなります。

通常，関数は計算結果として 1 つの値しか返しませんが，ここでは複数の値を返す必要があります。このように複数の値を返す数式を**配列数式**といいます。配列数式を使用するためには，まず計算結果を代入したい複数のセルを選択します。ここでは，セル B15〜B21 を選択します。次に，リボンの[数式]タブの[その他の関数]ボタンをクリックし，[統計]の中から[FREQUENCY]をクリックします。

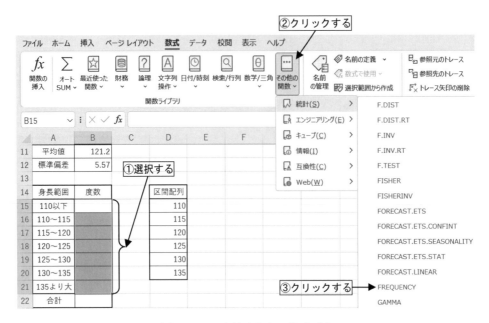

図 4-8-26　度数分布表の作成（2）

そうすると，次のようなダイアログボックスが開きます。

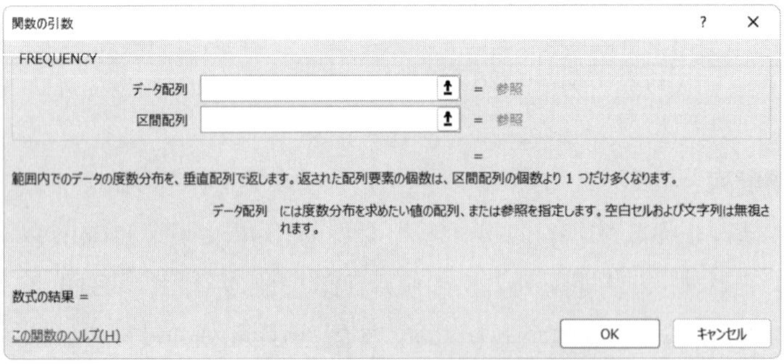

図 4-8-27　度数分布表の作成（3）

　このダイアログボックスをじゃまにならない位置に移動した後，マウスをドラッグして
[データ配列]にセル A2〜H9「A2:H9」を，[区間配列]にセル D15〜D20「D15:D20」を指
定します。

図 4-8-28　度数分布表の作成 (4)

　ここで，Ctrl キーと Shift キーを押しながら OK ボタンをクリックします（Ctrl キーと Shift キーを押していないと，計算結果として複数の値を1回の操作で返すことはできませんので注意してください）。そうすると，次のようにそれぞれの度数が計算されます。

14	身長範囲	度数		区間配列
15	110以下	1		110
16	110〜115	7		115
17	115〜120	21		120
18	120〜125	22		125
19	125〜130	8		130
20	130〜135	4		135
21	135より大	1		
22	合計			

図 4-8-29　度数分布表の作成 (5)

　さらに，オートサムを用いてセル B22 にデータの個数の合計を求めます。

14	身長範囲	度数		区間配列
15	110以下	1		110
16	110〜115	7		115
17	115〜120	21		120
18	120〜125	22		125
19	125〜130	8		130
20	130〜135	4		135
21	135より大	1		
22	合計	64		

図 4-8-30　度数分布表の作成 (6)

　あとは，この度数分布表を元にヒストグラムを作成します。セル A14〜B21 を選択して，次のような 2-D 縦棒グラフを作成します。

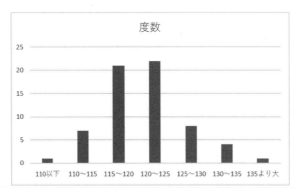

図 4-8-31　ヒストグラムの作成 (1)

　グラフタイトルを児童の身長分布に変更し，次のように横軸と縦軸の軸ラベルを挿入します。

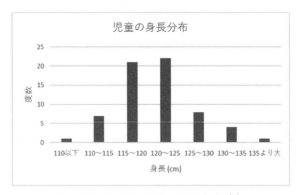

図 4-8-32　ヒストグラムの作成 (2)

　さらに，通常，ヒストグラムは棒グラフの間隔を空けずに描きますので，棒グラフのどれか 1 本を右クリックし，[データ系列の書式設定]をクリックします。

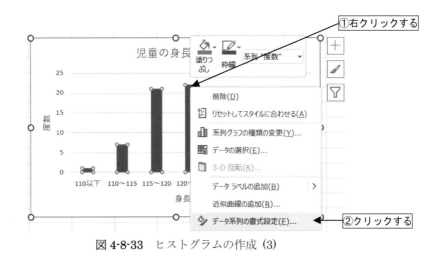

図 4-8-33　ヒストグラムの作成 (3)

そうすると，画面の右に次のような作業ウィンドウが開きます。

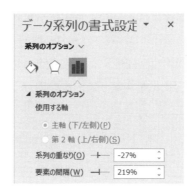

図 4-8-34　ヒストグラムの作成 (4)

ここで，[要素の間隔]を 0%にします。

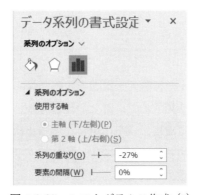

図 4-8-35　ヒストグラムの作成 (5)

これで，次のように縦棒グラフの間隔が詰まったヒストグラムが完成します。

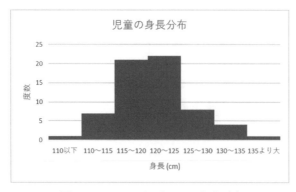

図 4-8-36 ヒストグラムの作成 (6)

4-8-4 最小 2 乗法によるデータ分析を行うには

実験データを元に，最も誤差が小さくなるように変数間の関係式を求める方法を**最小 2 乗法**と呼びます。変数間の関係式にはさまざまな種類がありますが，ここでは最も簡単な 1 次式で近似する方法を説明します。このような分析法は，複数の統計データの集団が与えられているとき，変数間の関係（回帰性）を求める回帰分析にも使用されます。

ある金属の電気抵抗 R の温度変化を測定して，次のような結果が得られたとします。

	A	B	C	D	E	F	G	H
1	温度（℃）	14.0	21.0	25.1	31.0	35.0	41.1	46.0
2	抵抗（Ω）	61.04	62.24	65.40	66.26	65.88	67.12	69.78

図 4-8-37 最小 2 乗法 (1)

この温度範囲では金属の電気抵抗 R はほぼ温度 T に比例しますので，抵抗と温度の間には次のような 1 次式が成り立ちます。

$$R = aT + b$$

ここで，この式の係数 a と b を実験データとの誤差が最も小さくなるように決める方法が最小 2 乗法です。Excel を使用すると，詳しい理論を知らなくても簡単に最小 2 乗法の計算ができます。まず，横軸に温度，縦軸に抵抗をとった次のような散布図を作成します（ここで，折れ線グラフを使用してはだめです。折れ線グラフでは横軸が等間隔になってしまいますので，正しい値が求められません）。

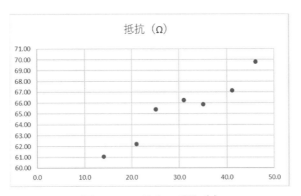

図 4-8-38　最小 2 乗法（2）

次の図のように，グラフタイトルを変更し，軸ラベルを付けます。

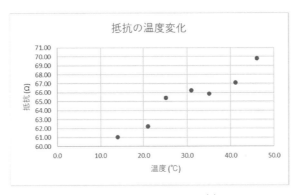

図 4-8-39　最小 2 乗法（3）

　横軸の範囲が適切ではないので，グラフの横軸の数値のどれか 1 つを右クリックして，[軸の書式設定]をクリックします。

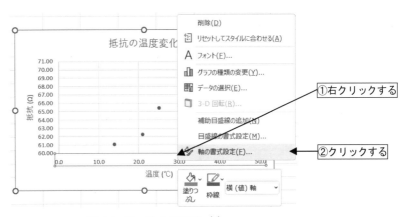

図 4-8-40　最小 2 乗法（4）

そうすると，画面の右に次のような作業ウィンドウが開きます。

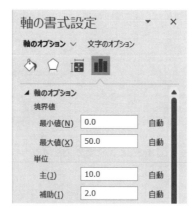

図 4-8-41　最小 2 乗法（5）

ここで，[境界値]の[最小値]に 10.0 を入力します。

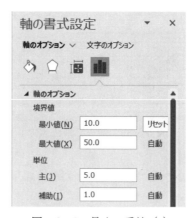

図 4-8-42　最小 2 乗法（6）

これで，次の図のように横軸の目盛が 10.0〜50.0 に変更されます。

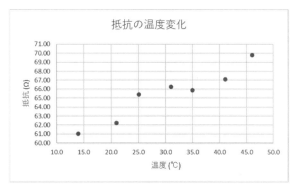

図 4-8-43　最小 2 乗法（7）

　同様の操作で，目盛間隔や目盛の種類などを変更することができます。

　次に，グラフ中のデータのどれか 1 つを右クリックして，［近似曲線の追加］をクリックします。

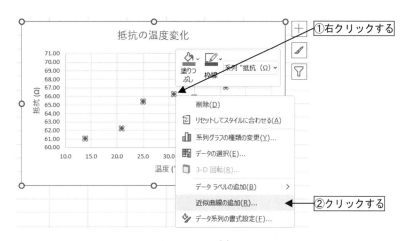

図 4-8-44　最小 2 乗法（8）

　そうすると，画面の右に次のような作業ウィンドウが開きます。

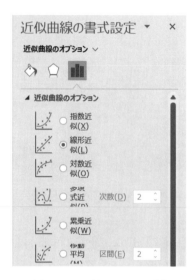

図 4-8-45 最小2乗法 (9)

[線形近似]が選択されている状態で，作業ウィンドウの下の方の[グラフに数式を表示する]をクリックしてチェックマークを付けます。

図 4-8-46 最小2乗法 (10)

そうすると，グラフに次のような直線の方程式が表示されます。

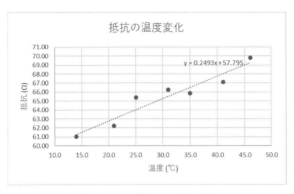

図 4-8-47 最小 2 乗法（11）

つまり，先ほどの 1 次方程式の係数 a, bとして，それぞれ 0.2493 および 57.795 という値が求められたわけです。

4-8-5 連立方程式を解くには

Excel を使用すると，行列の計算も簡単にできます。ここでは例として，次のような連立方程式を解いてみます。

$$\begin{cases} x + y + 2z = 8 \\ x + 2y + 3z = 11 \\ 2x + 3y + z = 15 \end{cases}$$

この連立方程式を行列を使用して書き表すと，次のようになります。

$$\begin{pmatrix} 1 & 1 & 2 \\ 1 & 2 & 3 \\ 2 & 3 & 1 \end{pmatrix} \begin{pmatrix} x \\ y \\ z \end{pmatrix} = \begin{pmatrix} 8 \\ 11 \\ 15 \end{pmatrix}$$

ここで，係数が作る行列を係数行列といい，右辺の行列を定数行列といいます。この例では，左辺の 3 行 3 列の行列が係数行列で，右辺の 3 行 1 列の行列が定数行列です。

まず，Excel のワークシートに次のように係数行列と定数行列を入力し，これらの下に逆行列と解を表示させるためのセルを用意し，罫線を引きます。

	A	B	C	D	E
1	係数行列				定数行列
2	1	1	2		8
3	1	2	3		11
4	2	3	1		15
5					
6	逆行列				解
7					
8					
9					

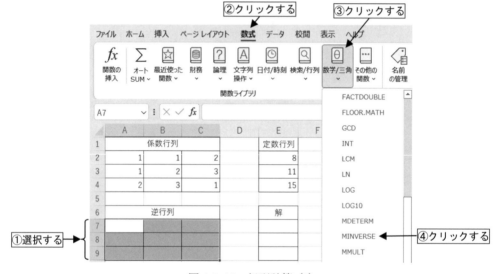

図 4-8-48　行列計算 (1)

次に，係数行列の逆行列を求めます。逆行列を表示させたいセルを選択してから，リボンの[数式]タブをクリックし，[数学/三角]ボタンをクリックしてから[MINVERSE]をクリックします。

図 4-8-49　行列計算 (2)

そうすると，次のようなダイアログボックスが開きますので，セル A2～C4 をドラッグして[配列]に「A2:C4」を指定します。

図 4-8-50　行列計算（3）

この場合も，複数の値を返す配列数式ですので，Ctrl キーと Shift キーを押しながら
[OK]ボタンをクリックします。

	A	B	C	D	E
1	係数行列				定数行列
2	1	1	2		8
3	1	2	3		11
4	2	3	1		15
5					
6	逆行列				解
7	1.75	-1.25	0.25		
8	-1.25	0.75	0.25		
9	0.25	0.25	-0.25		

図 4-8-51　行列計算（4）

あとは，今求めた逆行列と定数行列を掛ければ解が求められます。行列の積を求めると
きは，先ほどと同様に，まず計算結果が入るセルを選択してから，リボンの[数式]タブの，
[数学/三角]ボタンをクリックし，[MMULT]をクリックします。

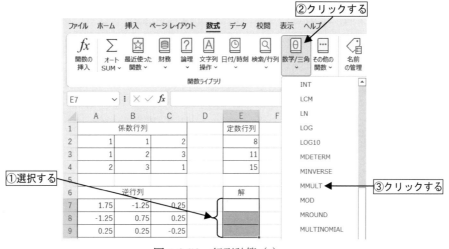

図 4-8-52　行列計算（5）

　そうすると，次のようなダイアログボックスが開きますので，マウスをドラッグして[配列 1]に「A7:C9」を，[配列 2]に「E2:E4」を指定します。

図 4-8-53　行列計算（6）

　次に，キーと Ctrl キーと Shift キーを押しながら[OK]ボタンをクリックします。

	A	B	C	D	E
1	係数行列				定数行列
2	1	1	2		8
3	1	2	3		11
4	2	3	1		15
5					
6	逆行列				解
7	1.75	-1.25	0.25		4
8	-1.25	0.75	0.25		2
9	0.25	0.25	-0.25		1

図 4-8-54　行列計算（7）

　すると，解として 4, 2, 1 という値が求められます。すなわち，この連立方程式の解は $x = 4$, $y = 2$, $z = 1$ であるというわけです。

4-9　Word と Excel の連携

　Word 文書に Excel の表やグラフを貼り付けることができます。ここでは，§ 4-8-4 で説明した最小 2 乗法によるデータ分析の表とグラフを Word 文書に貼り付けてみます。
　まず，Excel のウィンドウで表を選択します。

	A	B	C	D	E	F	G	H
1	温度（℃）	14.0	21.0	25.1	31.0	35.0	41.1	46.0
2	抵抗（Ω）	61.04	62.24	65.40	66.26	65.88	67.12	69.78

図 **4-9-1**　Excel の表の選択

　この状態で，リボンの[ホーム]タブにある[コピー]ボタンをクリックします。ここで，Word を起動するか，すでに Word が起動されていれば，Word のウィンドウに切り替えます。ウィンドウを切り替えるには，タスクバーを使用します。Word と Excel が起動している状態では，画面下部にあるタスクバーには Word と Excel のボタンが表示されています。

図 **4-9-2**　タスクバーのボタン

　現在は Excel のボタンがクリックされた状態になっているので，Excel のウィンドウが手前に表示され，操作可能な状態（アクティブ）になっています。ここで，Word のボタンをクリックすると，Word のウィンドウに切り替えることができます。そして，Word 文書画面でリボンの[ホーム]タブにある[貼り付け]ボタンをクリックすると，Excel で作成した表が Word の表として貼り付けられます。

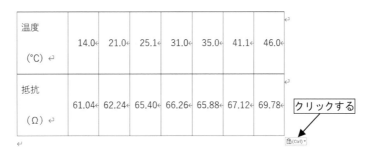

図 **4-9-3**　Excel で作成した表の貼り付け

　しかし，この例のようにレイアウトが崩れてしまう場合もあります。そこで，右下に表示された[貼り付けのオプション]ボタンをクリックすると，いくつかの貼り付けのオプションが表示されます。

温度 (℃)	14.0	21.0	25.1	31.0	35.0	41.1	46.0
抵抗 (Ω)	61.04	62.24	65.40	66.26	65.88	67.12	69.78

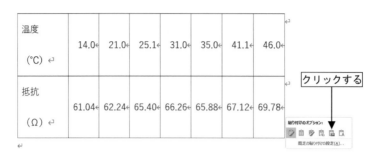

図 4-9-4　貼り付けのオプション

ここで，[図]をクリックすると，図の形式で貼り付けられますので，フォーマットは崩れませんし,後から一部のデータをコピーしたり変更したりすることができなくなります。この図として貼り付ける方法は，資料配布作成などの際に便利です。

温度（℃）	14.0	21.0	25.1	31.0	35.0	41.1	46.0
抵抗（Ω）	61.04	62.24	65.40	66.26	65.88	67.12	69.78

図 4-9-5　図として貼り付け

また，Excel で作成したグラフを Word 文書に貼り付けるには，まず，Excel のウィンドウに切り替えてグラフを選択し，リボンの[ホーム]タブにある[コピー]ボタンをクリックします。Word に切り替えてから[貼り付け]ボタンをクリックすると，Excel で作成したグラフを Word 文書に貼り付けることができます。このようにして貼り付けたグラフは，Word 内で自由に編集が可能です。

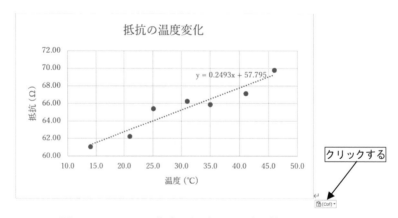

図 4-9-6　Excel で作成したグラフの貼り付け

この場合も[貼り付けのオプション]ボタンが表示されますので，このボタンをクリック

すると，次のような貼り付けのオプションが表示されます。

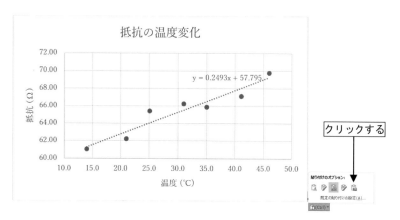

図 **4-9-7**　貼り付けのオプション

ここでも[図]をクリックすると，次のように図として貼り付けることができます。

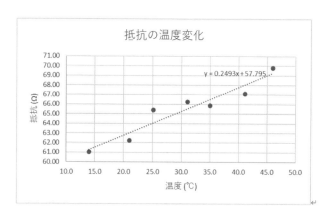

図 **4-9-8**　図として貼り付け

　図として貼り付けておけば，貼り付け後にグラフの色やフォントを変更したり，グラフ要素を変更したりすることができなくなりますので，資料配布作成などの際に便利です。

　このような操作で，Excel で作成した表やグラフを Word 文書中に取り込むことができます。また，同様な操作で，ペイントで描いた絵や，インターネットのホームページにある文章や絵なども Word 文書中に取り込むことが可能です。

演習問題 4

4-1　§4-3 で説明した「将来推計人口」の表とグラフを実際に作成しなさい。

4-2　§4-7 で説明した「支店別売上金額」の表とグラフを実際に作成しなさい。

4-3　§4-8 で説明した「関数を使用した複雑な計算」の表とグラフを実際に作成しなさい。

4-4　次のデータを入力し，次の計算をしなさい。

No.	英語	数学	国語
1001	56	68	60
1002	60	40	38
1003	80	88	90
1004	76	46	53
1005	77	90	56

① 個人ごとに 3 科目の合計と平均を求めなさい。

② 科目ごとの平均点を求めなさい。

4-5　次のデータを入力し，①～③の問いに答えなさい。

年	総人口（千人）	高齢者人口（千人）
1995	125570	18277
2000	126892	21870
2005	127684	25006
2010	127623	28126
2015	126444	31883
2020	124199	33335
2025	120913	33116
2030	117149	32768
2035	113114	32787
2040	108964	33726
2045	104758	33497
2050	100496	32454

① 高齢化率（総人口に占める高齢者人口の割合）を小数点以下第 1 位まで求めなさい。

② 西暦 2000 年の高齢者人口を 100 としたとき各年の高齢者人口（相対高齢者人口）を小数点以下第 1 位まで求めなさい。

③ 横軸に西暦，縦軸に高齢化率をとった散布図（直線とマーカー）を作成しなさい。

4-6 次のデータを入力し，①〜④の問いに答えなさい。

大学入学者数（短大除く）（単位：人）			
年度	国立	公立	私立
2011	101,917	29,657	481,284
2012	100,019	29,750	464,589
2013	99,825	29,836	474,987
2014	99,868	30,201	469,165
2015	99,617	30,734	477,727
2016	98,330	31,397	486,857
2017	98,120	32,501	483,622
2018	97,907	33,189	485,506
2019	97,158	33,194	493,321
2020	97,084	33,841	484,256

① 各年度の合計を計算しなさい。

② 国立・公立・私立・合計それぞれの対前年度伸び率を計算し，表を作成しなさい。
ただし，対前年度伸び率はパーセントスタイルで，小数点以下第2位まで表示すること。

③ 大学入学者数の変化を 2-D 折れ線グラフで描きなさい。

④ 大学入学者数 対前年度伸び率の変化を 2-D 折れ線グラフで描きなさい。

4-7 次のデータを入力し，表を完成させ，レーダーチャートを作成しなさい。

ケースAの栄養素摂取量				
栄養素	単位	ケースAの摂取量	対目標値の割合	目標値
総エネルギー	Kcal	1831	101.7%	1800
炭水化物	g	249		250
蛋白質	g	59.4		70
脂肪	g	57.3		50
食塩	g	11.9		8

- レーダーチャートには目標値に対する割合をプロットしなさい。また，目標値に対する過不足がわかるように目盛線を工夫して描きなさい（最小値0，最大値1.5，目盛間隔0.5 位がよいであろう）。表やグラフの見栄えがよくなるように工夫しなさい。
- グラフの下にグラフからわかる事柄を簡単に記入しなさい。

4-8 次の漸化式で与えられる数列

$$a_1 = 1 \quad , \quad a_2 = 2 \quad , \quad a_{n+2} = 2a_{n+1} + 3a_n \quad (n = 1, 2, 3, \cdots)$$

の第1項から第10項までを求め，さらに第1項から第10項までの和を計算しなさい。

4-9　次の表は，ある家庭の収入と支出を示したものです。

月	収入	光熱費	食費	通信費	ローン	その他
1	300,000	25,000	153,000	5,000	50,000	40,000
2	300,000	24,300	150,000	3,600	50,000	45,600
3	300,000	28,000	162,300	4,920	50,000	46,200
4	300,000	20,000	152,000	6,200	50,000	100,000
5	300,000	19,500	151,230	4,000	50,000	26,900
6	300,000	21,600	149,600	3,100	50,000	35,000
7	300,000	24,200	160,000	5,120	50,000	45,000
8	300,000	27,520	152,300	4,070	50,000	51,230
9	300,000	23,100	160,000	6,230	50,000	35,000
10	300,000	20,010	158,000	3,200	50,000	46,200
11	300,000	19,500	149,900	4,900	50,000	40,000
12	300,000	17,500	169,000	5,500	50,000	58,900

① 上の表を作成しなさい。

② 各月の残額と累積残額を求めなさい。

③ この家庭のエンゲル係数（総支出に占める食費の割合）を，各月ごとに小数点以下第 2 位まで求めなさい。

④ エンゲル係数の変化をグラフで表示しなさい。

⑤ この家庭の 1 年間のエンゲル係数を小数点以下第 2 位まで求めなさい。

4-10　次の表は，ある授業における第 1 回から第 6 回までのレポートの点数をまとめたものです。

No.	#01	#02	#03	#04	#05	#06
1001	10	8	7	10	8	9
1002	8	4	6	7	6	7
1003	7	5	7	6	7	8
1004	9	6	7	7	8	9
1005	6	7	4	5	6	4

① 個人ごとの平均点を小数点以下第 2 位まで求めなさい。

② 個人ごとの成績を求めなさい。ただし，成績は，平均点を 10 倍して小数点以下第 1 位を四捨五入し求めるものとします。ここで，四捨五入するための関数には ROUND 関数を使用しなさい。

③ IF 関数を使用して，成績が 80 点以上ならば優，70〜79 点ならば良，60〜69 点ならば可，59 点以下ならば不可という評価を付けなさい。この問題の場合には，4 通りに場合分けする必要がありますが，3 通り以上に場合分けする必要があるときには，IF 関数の中にさらに IF 関数を書きます。たとえば優，良，可の 3 通りに場合

分けする場合は，成績のセルに次のような数式を書きます。

=IF(セルアドレス>=80,"優",IF(セルアドレス>=70,"良","可"))

ここで，セルアドレスには成績が入ったセルのアドレス（たとえば I2）を書きます。

4-11　次の表は，ある試験の点数です。このデータを入力し，平均点および標準偏差を求め，ヒストグラムを作成しなさい。ただし，度数分布表は 0〜9 点，10〜19 点，…，100 点という範囲で作成すること。さらに，この度数分布表を元にして，優(80〜100 点)・良(70〜79 点)・可(60〜69 点)・不可(0〜59 点)の人数および合計の人数を求めて，表を作成しなさい。

32	0	50	63	67	84	50	45	55	39
50	63	63	39	74	74	63	74	87	67
84	67	77	71	0	63	50	63	32	77
100	84	67	95	77	81	74	74	59	87
87	0	55	92	0	55	74	71	87	93
63	88	94	91	74	45	22	71	55	0
67	84	77	63	59	0	67	39	55	95

4-12　以下の条件で，アルバイトの給与を計算しなさい。

アルバイトの給与計算

氏　　名	出社時刻	退社時刻	時間内勤務時間	時間外勤務時間	時　　給	給　　与
相山峰男	8:30	17:00			800	
五十嵐綾	17:00	25:30			700	
神田道夫	16:30	25:00			850	
佐久間栄	9:00	15:30			700	
田代文男	24:30	33:00			750	
根本静香	24:00	33:00			800	
本間直子	16:30	21:00			750	

給与は勤務時間×時給。時刻の 0 時〜24 時は，数値の 0.0〜1.0 に対応する。

時間外勤務（9〜17 時以外）は時給の 2 割増とした場合の表を作成する。

① 時間外勤務（9〜17 時以外）は時給の 2 割増，深夜勤務（深夜 23 時〜翌朝 6 時まで）は時給の 3 割増とした場合の表を作成しなさい。

② 上の①の勤務時間で 19 日間働いたとする。給与を現金で支払うものとして，1 万円札・5 千円札・千円札・500 円硬貨・100 円硬貨・50 円硬貨・10 円硬貨・5 円硬貨・1 円硬貨をそれぞれ何枚用意したらよいか（金種計算という）。ただし税金は考えない。

使用する関数：ROUND（指定した桁数で四捨五入），MOD（割算の余り：剰余）

- 表題は 16 ポイントの MS 明朝体，それ以外の全角文字は 11 ポイントの MS ゴシックとし，数値は 11 ポイントの Century（半角文字）としなさい。
- 給与には 3 桁ごとにカンマを付けること。
- 表題はセルを結合してセンタリングすること。
- 表の見栄えがよくなるように罫線の種類を工夫すること。

4-13　父親と息子の身長の関係について，次の表のようなデータがある。この表から，散布図を作成し，最小 2 乗法を使用して 1 次の近似式（回帰式）を求めなさい。

身長の遺伝について

父親	息子
160.0	157.7
161.4	164.2
163.1	172.9
164.6	167.5
168.0	168.7
170.6	171.6
171.5	175.8
173.3	172.0
175.0	177.0
176.8	172.4
180.0	179.0
180.2	182.6
183.4	185.8
185.2	188.5

4-14　次の表は，ある装置における設定温度と実測温度の測定結果です。

温度校正

設定温度	実測温度
100	76.9
150	115.4
200	152.3
250	199.7
300	247.5
350	296.7
400	341.7
450	388.5
500	430.5
550	465.0
600	497.9

① このデータを元に散布図（マーカーのみ）を作成しなさい。ただし，グラフの横軸は 100〜600 に，縦軸は 50〜500 に変更し，適切なグラフタイトルと軸ラベルを付けること。

② この散布図に 3 次の多項式で近似した曲線と数式を追加しなさい。ただし，近似曲線ラベルの書式設定で，表示形式を指数とし，小数点以下の桁数を 2 とすること。

③ さらに，次の表を作成し，先ほど求めた近似式を用いて，各設定温度に対する予測温度を小数点以下 1 桁まで求めなさい。

設定温度	予測温度
245	
246	
247	
248	
249	
250	
251	
252	
253	
254	
255	

4-15　次のデータは我が国における自動車の生産・輸出・輸入推移である。以下の問いに答えなさい。

我が国の自動車生産（万台）

年次	生産台数	輸出台数	輸入台数
1955	6.9	0.1	0.7
1960	48.2	3.9	0.4
1965	188.0	19.4	1.3
1970	529.0	109.0	2.0
1975	694.0	268.0	4.6
1980	1104.0	597.0	4.8
1985	1227.0	673.0	5.3
1990	1349.0	583.0	25.3
1995	1123.0	446.0	31.1

① インターネットを用いて 2000 年次以降のデータを検索し，表を完成させなさい。

② 各年次の国内需要を求めなさい。

③ 輸出率（生産台数に対する輸出台数の割合）と輸入率（国内需要に対する輸入の割

合）を求めなさい。

④ 生産・輸出・輸入台数・国内需要と，輸出率・輸入率の変化がわかるグラフを描きなさい。

⑤ 作成したグラフと表を Word に貼り付けなさい。

⑥ グラフから読みとれることを考察しなさい（Word 上で書くこと）。

4-16 次の表に示した，私鉄沿線の中古マンションの価格・床面積・建築後の経過年数（築後年数）・都心のターミナルまでの所用時間（至便性）のデータから，中古マンションの価格の決定メカニズムについて分析し，Word 文書にまとめなさい。

中古マンション情報

No	価格（百万円）	床面積（m²）	築後年数（年）	至便性（点数）
1	27.0	15.6	17	20
2	35.0	60.4	25	15
3	49.8	36.3	13	15
4	55.0	47.5	11	20
5	115.0	110.8	9	25
6	63.0	61.4	8	15
7	67.8	100.6	16	10
8	68.6	41.5	3	15
9	87.0	83.9	14	25
10	130.0	120.7	9	20
11	110.0	118.2	13	20
12	45.0	25.0	2	10
13	30.0	20.7	15	25
14	100.0	95.3	5	25
15	80.0	73.6	4	20

4-17 身の回りの問題を見つけ，調査研究して 3 枚以上のレポートにまとめなさい。レポートは次の順序でまとめてください。

① 目的
なぜこの問題を選んだのか？ 何を知りたいのか？ 調査研究の目的を明確にしてください。

② 結果
データを示しながら問題を解析し，その結果を書きなさい。データの解説・グラフの解説，その範囲でわかったことなどをまとめてください。

③ 考察
データ解析の結果どんなことがいえるのか，客観的事実に基づいて考察しなさい。この調査研究の結果わかったことをまとめ，そうなったことの理由，そのことの持

つ意味などを考察してください。

④　参考文献

　　この問題を解く上でデータを得た文献や参考にした文献を，著者・文献の名称（書名・論文タイトルなど）・出版社・出版年などがわかるように記述してください。この書式は適当な書物を参照してください。

⑤　感想（この部分は 3 枚には含みません）

第5章

プレゼンテーションソフトの使用法
― PowerPoint for Microsoft 365 ―

　本章では，PowerPoint を用いたプレゼンテーション資料の作成について解説します。Word や Excel と比べるとそれほど身近には感じられないかもしれませんが，会議や公演などで使われる機会が多くなってきています。大学でも PowerPoint を使用した授業が増えてきています。特に，社会に出てから，情報伝達や意思疎通の手段として，プレゼンテーションの技能は非常に重要になってきます。Word や Excel が使えれば，PowerPoint を使えるようになるのはそれほど大変ではないので，ぜひマスターしてください。

5-1　PowerPoint の起動

　PowerPoint を起動するには，まず，[スタート]ボタンをクリックし，[スタート]ボタンの上に[PowerPoint]が表示される場合は，これをクリックします。

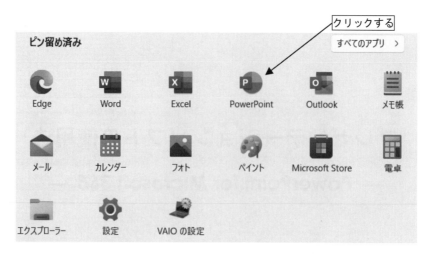

図 5-1-1　PowerPoint の起動（1）

ここに表示されない場合は，［すべてのアプリ］→[PowerPoint]の順にクリックします。

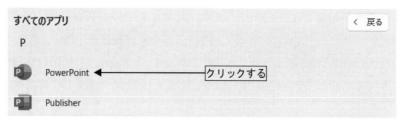

図 5-1-2　PowerPoint の起動（2）

PowerPoint を起動すると，次のような PowerPoint のスタート画面が表示されます。

図 5-1-3　PowerPoint のスタート画面

ここで[新しいプレゼンテーション]をクリックすると，次のような画面が表示されます。

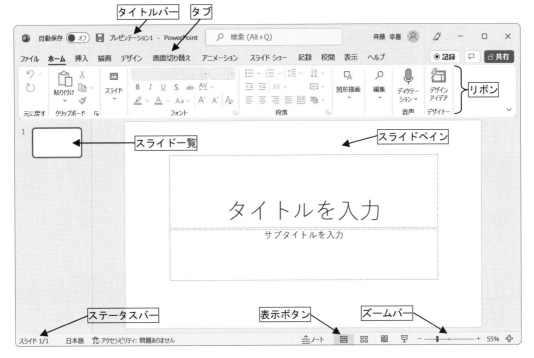

図 **5-1-4**　PowerPoint の画面構成

　画面上部の**タイトルバー**には作成中のファイル名とソフトウェア名が表示されています。タイトルバーの下には**リボン**が表示されていて，ここに表示されているボタンをクリックすることによりさまざまな操作や設定をすることができます。現在は，[ホーム]というタブが表示されていますが，[挿入]や[デザイン]などの他のタブをクリックすることにより，リボンに表示されるボタンは変化します。

　リボンの下に，**スライドペイン**と呼ばれるスライド編集画面があります。スライドペインの左側には**スライド一覧**画面があり，ここにスライドの一覧が表示されます。

　画面左下には**ステータスバー**に作業中の文書や選択しているコマンドの状態が表示されています。また，画面右下には**表示ボタン**と**ズームバー**が表示されていて，ここではそれぞれ表示の切り替えと表示倍率の変更ができます。

5-2　タイトルスライドの作成

　まず，スライドの表紙となるタイトルスライドを作成します。図 5-1-3 のスライドペインで，「タイトルを入力」と表示されている部分をクリックし，「コンピューターリテラシー」と入力します。次に，「サブタイトルを入力」と表示されている部分をクリックし，自

分の所属する大学名・学科名・学籍番号および氏名を入力します。

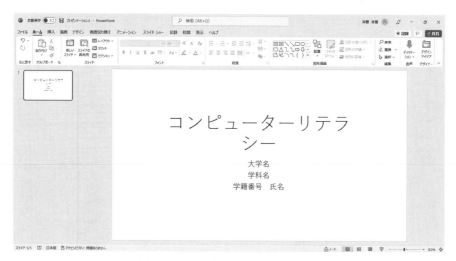

図 5-2-1　タイトルスライドの作成

5-3　スライドの追加

　次に，2 枚目以降のスライドを作成します。リボンの[ホーム]タブにある[新しいスライド]ボタンをクリックします。

図 5-3-1　新しいスライドの追加 (1)

　そうすると，次のように新しいスライドが追加されます。

図 **5-3-2** 新しいスライドの追加 (2)

次の図のように，2枚目のスライドのタイトルとテキストを入力します。

図 **5-3-3** 2枚目のスライドの作成 (1)

テキスト1行目を入力し，Enter キーを押した後，リボンの[ホーム]タブにある[インデントを増やす]ボタンをクリックします（または，Tab キーを押します）。

図 **5-3-4** 2枚目のスライドの作成 (2)

そうすると，1段レベルが下がりますので，下記のようにテキストを入力します。

図 **5-3-5** 2 枚目のスライドの作成 (3)

3 行目まで入力したら，$\boxed{\text{Enter}}$ キーを押し，リボンの[ホーム]タブにある[インデントを減らす]ボタンをクリックします（または，$\boxed{\text{Shift}}$ キーを押しながら $\boxed{\text{Tab}}$ キーを押します）。

図 **5-3-6** 2 枚目のスライドの作成 (4)

そうすると，1 段レベルが上がりますので，下記のようにテキストを入力します。

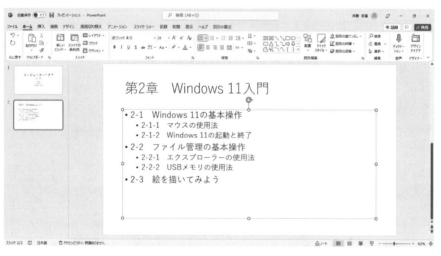

図 **5-3-7** 2 枚目のスライドの作成 (5)

このように，補足的な説明は，箇条書きのレベルを下げて表示します。箇条書きのレベルは 9 段階あり，レベルごとに文字の大きさや行頭文字が自動的に変わります。

さらに，次のように 3～6 枚目のスライドを作成します。

図 5-3-8　3枚目以降のスライドの作成

　リボンの[表示]タブをクリックし，[スライド一覧]ボタンをクリックすると，作成した
スライドが一覧表示されます。

図 5-3-9　スライドの一覧表示

5-4　書式とレイアウトの設定

　Word と同じような作業で書式とレイアウトの設定ができますが，PowerPoint では，
もっと簡単に統一したデザインに変更できます。[標準表示]ボタンをクリックして，標準
の表示形式に戻してから，リボンの[デザイン]タブをクリックし，[テーマ]の右下の▼を
クリックします。

図 5-4-1　テーマの変更 (1)

　そうすると，次のようにテーマの一覧が表示されます。

図 5-4-2　テーマの変更（2）

　この中から，たとえば2段目の一番左の[レトロスペクト]テーマをクリックすると，すべてのスライドにこのテーマが適用されます。

図 5-4-3　テーマの変更（3）

　さらに細かい設定が必要な場合には，変更したい文字を選択してから，フォントやフォントサイズを変更します。たとえばこの例では，1枚目のスライドのタイトルが2行になってしまっていますので，このスライドのタイトルを選択して，リボンの[ホーム]タブからフォントサイズを72ポイントに変更します。

図 5-4-4　フォントサイズの変更

　適用するテーマによってフォントサイズは自動的に調整されますが，このようにフォントサイズを手動で調整する必要がある場合もあります。

　さらに，[デザイン]タブの[バリエーション]の右下の▼をクリックすると，次のようにさまざまなバリエーションが表示されます。

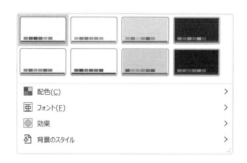

図 5-4-5　デザインのバリエーションの変更

　これらの中から気に入ったものをクリックします。ここでは，同様にして[配色]や[フォント]なども変更することができます。

5-5　スライドの表示効果の設定

　スライドが表示されるときの画面切り替え効果を設定すると，見栄えのよいプレゼンテーションになる場合があります。

　[標準表示]で，1 枚目のスライドを選択した後，リボンの[画面切り替え]タブをクリックし，[フェード]をクリックします。

図 5-5-1 ［画面切り替え］の設定

　そうすると，黒い画面から徐々にスライドが表示されるようになります。また，［画面切り替え］の右下の▼をクリックすると，次のようにさまざまな画面切り替え効果が選択できますので，適宜使用してください。

図 5-5-2 さまざまな画面切り替え効果

　さらに，文字やイラストなどにさまざまなアニメーション効果を設定することができます。1枚目のスライドのタイトルをクリックし，リボンの［アニメーション］タブをクリックし，［フェード］をクリックします。

図 5-5-3 アニメーションの設定（1）

　そうすると，タイトルが徐々に表示されるようになります。また，［アニメーション］の右下の▼をクリックすると，次のようにさまざまなアニメーションが選択できますので，適宜使用してください。

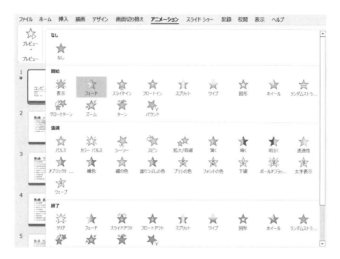

図 5-5-4　アニメーションの設定 (2)

ただし，これらのアニメーションをあまり多用すると，内容よりも目を引いてしまい，本来期待していた効果を損なってしまうこともありますので注意してください。

5-6　図・表・グラフの貼り付け

スライドには，他のアプリケーションソフトで作成した図・表・グラフなどを貼り付けることができます。基本的な操作方法は§4-9 で説明した方法と同じです。たとえば，§4-8-3 で作成したヒストグラムを 4 枚目のスライドに貼り付けるには，まず，4 枚目のスライドを選択した後，Excel に切り替えて，作成したグラフ（図 4-8-36）をコピーします。次に，PowerPoint に切り替えて，リボンの[ホーム]タブの[貼り付け]ボタンをクリックすると，Excel で作成したグラフが PowerPoint のスライドに貼り付けられます。

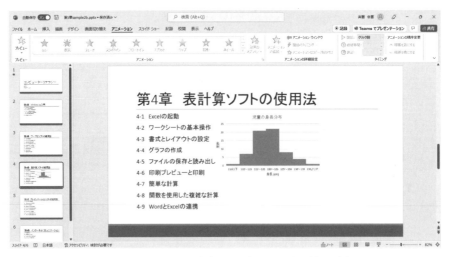

図 5-6-1　Excel で作成したグラフの貼り付け（1）

　ただし，このように普通に貼り付けると，グラフの色やフォントがスライドのデザインに合わせて変わってしまいますし，貼り付けた後にグラフ要素などを変更することが可能になってしまいます。元のグラフの色やフォントを保持したまま，貼り付けた後も変更されないようにするには，グラフを張り付ける際に[ホーム]タブの[貼り付け]の下の▼をクリックし，[図 (U)]をクリックします。

図 5-6-2　Excel で作成したグラフの貼り付け（2）

　そうすると，次の図のようにグラフを図として貼り付けることができます。この図として貼り付ける方法は，資料配布作成などの際に便利です。

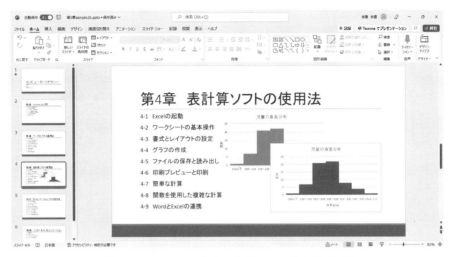

図 5-6-3　Excel で作成したグラフの貼り付け (3)

　同じようにして，他のアプリケーションソフトで作成した図や表，デジタルカメラで撮影した写真などもスライドに貼り付けることができます。

　また，SmartArt という機能を使うと，複雑な図表を簡単に描くことができます。リボンの[挿入]タブの[SmartArt]ボタンをクリックすると，

図 5-6-4　SmartArt の挿入 (1)

次のような[SmartArt グラフィックの選択]ダイアログボックスが開きます。

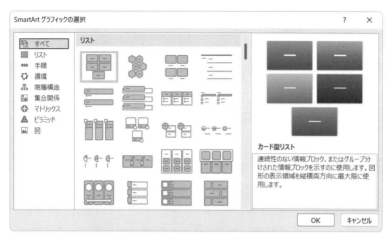

図 5-6-5 SmartArt の挿入 (2)

この機能を用いると，リスト・手順・循環・階層構造・集合関係・マトリックス・ピラミッド・図の 8 種類の図表をフォーマットに従って簡単に描くことができます。細かい数値や文章よりも，これらの図表を利用して聴衆に視覚的に訴えた方が効果的なプレゼンテーションとなります。

5-7 スライドショーの実行

実際にスライドショーを実行するには，[スライドショー]タブをクリックした後，[最初から]をクリックします。

図 5-7-1 スライドショーの実行

[最初から]をクリックすると，現在どのスライドが表示されているかにかかわらず，最初のスライドからスライドショーが開始されますが，[現在のスライドから]をクリックすると，現在表示されているスライドからスライドショーが開始されます。マウスをクリックすると，スライドが切り替わっていきます。

途中でスライドショーを中断する場合は，Escキーを押します。また，スライドショー

実行中に，矢印キーの→キーまたは↓キーを押すと次のスライドに進み，←キーまたは↑
キーを押すと前のスライドに戻ります。

　すべてのスライドの表示が終わると最後に黒い画面が表示されますので，マウスをクリ
ックするとスライドショーが終了します。

5-8　ファイルの保存と読み出し

5-8-1　プレゼンテーションを保存するには

　自分の予想通りにスライドショーが実行できることを確認したら，プレゼンテーション
を保存します。[クイックアクセス]ツールバーの[上書き保存]ボタンをクリックします。

図 5-8-1　上書き保存

　そうすると次のような画面になります（[ファイル]タブから[名前を付けて保存]をクリッ
クしても，同じ画面になります）。

図 5-8-2　名前を付けて保存（1）

　ここで[場所を選択]の右側の▼をクリックして，[参照]をクリックすると，次のようなダ

イアログボックスが表示されます。

図 5-8-3 名前を付けて保存 (2)

　保存先がローカルディスク(C:)TEMP になっていることを確認してから，ファイル名として
してたとえば test と入力して，[保存]ボタンをクリックします。

　ここでは，test と入力しましたが，PowerPoint ファイルの場合には**拡張子**（ファイル
名に続く"."の後ろの文字）は通常は pptx となります。ですから，test とだけ入力して
[保存]ボタンをクリックすると，ファイル名は自動的に test.pptx となります。

　この例のように，はじめて保存するときには上のようなダイアログボックスが開きます
が，2 回目以降に[保存]ボタンをクリックするときには自動的に「上書き保存」されるの
で，ダイアログボックスは表示されません。

　エクスプローラーでローカルディスク(C:)TEMP を開くと，プレゼンテーションが正常
に保存されていることが確認できます。

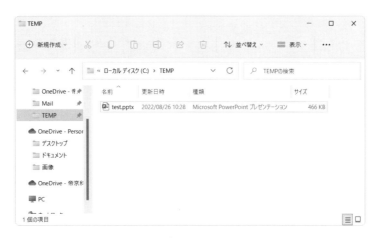

図 5-8-4　保存したファイルの確認

5-8-2　保存してあるプレゼンテーションを開くには

　図 5-8-4 のようにエクスプローラーでファイルを表示している場合は，ファイル名をダブルクリックすることにより，ファイルを開いて再び PowerPoint で編集することが可能になります。

　保存したファイルを開く別の方法としては，新しく PowerPoint を起動した際，[最近使ったアイテム]に表示されているファイル名をクリックする方法もあります。

図 5-8-5　ファイルを開く

5-9　スライドと配布資料の印刷

　印刷を行うには，リボンの[ファイル]タブから[印刷]をクリックします。

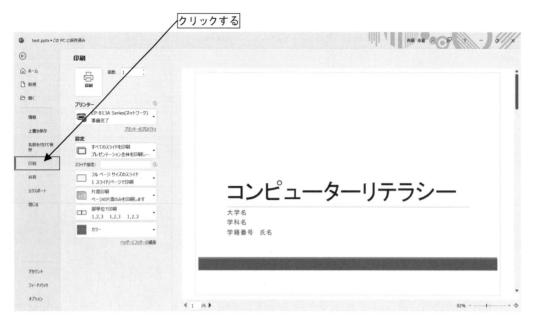

図 5-9-1　印刷

　そうすると，画面右側に印刷プレビューが表示されます。このまま[印刷]ボタンをクリックすると，それぞれのスライドが 1 ページずつ印刷されます。しかし，プレゼンテーション資料として配布するには，1 ページずつ印刷したのでは枚数が多くなってしまって大変です。こういう場合は，[フルページサイズのスライド]をクリックし，[6 スライド(横)]クリックします。

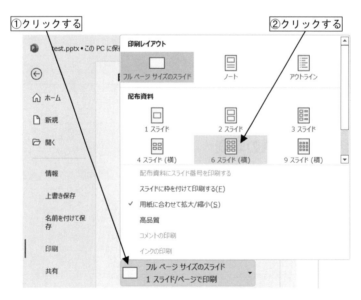

図 5-9-2　配布資料の印刷

　これで，1ページに6枚のスライドを縮小して印刷することができます。1ページあたりのスライドの枚数とスライドを並べる方向を選択できますので，印刷したいスライドの枚数に合わせて変更してください。右側に表示される印刷プレビューを見ながら調整して，最後に[印刷]ボタンをクリックして印刷してください。

演習問題 5

5-1　下記のテーマから 1 つを選択し，PowerPoint を使用してプレゼンテーション資料を作成しなさい。

①　地球温暖化
②　オゾン層の破壊とその影響
③　燃料電池
④　カーボンナノチューブ
⑤　情報ネットワークの普及と国際比較
⑥　ゲノムプロジェクト
⑦　アニマルセラピー
⑧　野生動物の保護
⑨　児童虐待
⑩　待機児童

第6章

インターネットコミュニケーション

　個人の発信をもとにインターネット上で不特定多数のユーザーがコミュニケーションを行うことが可能なサービスをソーシャルネットワーキングサービス（Social Networking Service：SNS）といいます。また，相手と直接コミュニケーションすることが可能なサービスとして，メッセージアプリや電子メール（e-メール）があります。こうしたインターネットコミュニケーションによって世界に情報を発信したり，友人を作ったりと，豊かな生活ができるようになった一方で，思いもよらぬ被害をこうむったり，相手に被害を与えてしまうこともあります。さらに，インターネットにある情報はデジタル情報のため，簡単にコピーして利用することができますが，相手の著作権や肖像権を侵してしまうことがあります。

　一方，悪意のあるプログラムが自分のパソコンに仕込まれ，知らないうちに他者のパソコンを攻撃するなど，思わぬところで加害者になることがあります。また，インターネットを介して個人情報が流出し悪用され，犯罪に巻き込まれてしまうようなケースもあります。

　これらの点に注意して，安全にインターネットを使用していくことがますます重要になってきています。

6-1　情報モラル

　モラルとは，道徳または倫理のことで，社会生活を送る上で他人とうまく共存していくためのルールやマナーを指します。一般社会と違い，インターネット上では匿名性が高いため，不正アクセスなどの犯罪行為が頻発しています。下記の点に注意して，思わぬトラブルに巻き込まれないようにしましょう。

（1）基本的な態度

インターネット上のコミュニケーションであっても，通常の社会と変わりません。他者に敬意を払うことを忘れず，人種や性差，身体的特徴などによる差別的な発言，わいせつな発言，偏った批判，過度な宣伝・勧誘などで，閲覧者に不快な思いをさせないように気をつけましょう。

（2）法令遵守と権利の尊重

プライバシー，名誉，肖像権，著作権，商標権などの他者の権利や利益を不当に侵害することのないよう細心の注意を払い，関連する法令等を遵守しましょう。

多くのデジタルデータは，非常に簡単にコピーできてしまいます。しかし，著作権のあるアプリケーションソフトなどを無断でコピーしたり譲渡・転売・レンタルしたりすることは，すべて違法行為にあたります。また，ソフトの使用許諾書に記載されているライセンス契約数以上のパソコンへのインストールも違法です。

また，他人が作成した著作物を無断で使用することは著作権に違反します。自分で撮影した他人や製品の写真や，キャラクターをまねて自分で描いたイラストなども，肖像権や商標権に違反する恐れがあります。特に，自分のホームページなどで公開する場合は，十分に注意しましょう。どうしても引用・転載が必要な場合は，作成者に許可をとり，出典を明記してください。

（3）各メディアの特性と運用ルールの理解

インターネットは公の場であるという意識を持つことが大切です。公開した情報はさまざまな背景や考え方を持つ不特定多数の利用者の目に触れます。また，各メディアによりID（実名・匿名）や情報開示範囲等の運用方法が異なります。各メディアの利用規約や運用ルール・文化等を理解した上で利用しましょう。

（4）情報の拡散性の配慮（デジタルタトゥー）

インターネットで発信した情報はさまざまな形で拡散される可能性があり，拡散した後のコントロールは困難です。一度でも流出した情報はインターネット上で完全には削除できないことから，デジタルタトゥーとも呼ばれます。第三者によって保存され将来にわたり人物情報などとして利用される恐れがあります。

（5）情報の影響力の考慮と誤解の回避

一人ひとりの情報発信が社会に対して少なからず影響を与えることを十分に認識し，的確な情報の発信に努め，読み手の誤解を招くことのないように注意しましょう。特に，大学などの組織に関連する発信内容には，「個人的な見解であり，大学などの組織の公式発

表・公式見解を示すものではない」ことを明記しましょう。

(6) 機密情報の取り扱い

アルバイト先やインターンシップ先，並びに実習先等で知り得た守秘義務を要する情報や，意思決定の過程にある未公開情報等を許可なく発信しないよう取扱いに十分注意しましょう。

(7) ネチケット

ネチケット(Netiquette)とは，ネットワーク(Network)とエチケット(Etiquette)から作成された造語で，ネットワーク上のエチケットのことです。特に，e-メールなどで発信する際に注意すべきことです。

まず，e-メールでは，半角カタカナや機種依存文字を使用してはいけません。機種依存文字とは，①，②などの丸数字や，Ⅰ，Ⅱなどのローマ数字，㈱，㈲などの記号のことです。これらの文字は，パソコンの機種によっては文字化けを起こしてしまい，読むことができなくなってしまいます。また，e-メールのタイトル（件名）に半角カタカナや機種依存文字を使用すると，相手先のメールソフトによっては文字化けを起こしてしまう場合もありますので，これらの文字はe-メールでは使用しないようにしてください。

e-メールアドレスは，すべて半角英数字を使用します。1 文字でも全角文字が入っていると，e-メールは正常に送信されずに返って来てしまいます。また，e-メールアドレスを入力する際には十分注意し，間違っていないかどうか再度確認してください。さらに，送信するe-メールには，自分の名前を明記した署名を入れてください。

また，ファイルサイズの大きなe-メールは送らないようにしましょう。e-メールには文書ファイルや画像ファイルなどを添付することができますが，あまり大きなファイルを添付すると，ネットワークが混雑し，受信者側に負担をかけてしまうことになります。

特に，ホームページの掲示板(BBS)では匿名性が高いため，他人になりすましたり無責任な発言をしたりする人が見られます。このような場所では，汚い言葉や過激な表現が使われる場合もあります。思わぬトラブルに巻き込まれないためにも，不毛な議論には参加しないようにしましょう。

6-2 情報セキュリティ

6-2-1 Windows Update

ここで使用している Windows という OS には，不具合の修正や改良を行うために Windows Update という機能が用意されています。Windows Update を行うことにより，

パソコンを常に最新の状態に保つことができます．特に，§6-3-2で説明するウイルス対策ソフトを導入したとしても，Windows Updateが実行されていないパソコンはウイルスに感染してしまう危険性がありますので，必ず定期的に実行する必要があります．

　大学や公共機関のパソコンでは，Windows Updateはシステム管理者が行うので，ユーザーが行うことはできません．個人のパソコンでもWindows 11ではWindows Updateが自動的にダウンロードされインストールされるように設定されていますが，煩わしいという理由でWindows Updateの機能をオフにしてしまうと，OSの基本機能が更新されませんので非常に危険です．

6-2-2　コンピューターウイルス対策

　最近はコンピューターウイルスが大きな社会問題になっています．最近のウイルスは非常に巧妙で，特に危険なホームページを閲覧しなくても，ウイルスに感染してしまう場合があります．また，e-メールに添付されたファイルからウイルスに感染してしまう場合もあります．

　また，ウイルスに感染していることに気付かずにパソコンをインターネットに接続すると，個人情報を盗まれたり，他人にウイルスを広めてしまったり，ネットワークの負荷を増大させたりしてしまいます．自分のパソコンをインターネットに接続する場合は，必ずウイルス対策ソフトをインストールしてください．

　代表的なウイルス対策ソフトには，トレンドマイクロ社のウイルスバスターやシマンテック社のノートンアンチウイルスなどがあります．これらのソフトウェアのインストールやユーザー登録はそれぞれのソフトウェアのマニュアルを参照してください．また，世界中では毎日新しいウイルスが発生していますので，ウイルス対策ソフトをインストールしただけでは十分ではありません．ウイルス対策ソフトのメーカーからはほぼ毎日新しいウイルスに対応するためのパターンファイルが提供されていますので，インターネットに接続する際には自動的にアップデートする設定にする必要があります．

6-2-3　個人情報の保護

　自分の身は自分で守ることが重要です．個人情報を登録・公開をする際は，その安全性や必要性を十分に検討しましょう．

　自分のユーザー名（ID）とパスワードは，他人に知られないようにしっかり管理してください．ユーザー名から推測できてしまうような生年月日などをパスワードに設定するのは危険です．特に，同じパスワードをさまざまなサイトで使いまわさないことに気をつけましょう．

　また，自分のプライベートな情報は，ホームページやe-メールに安易に書き込まないようにしましょう．思わぬところから情報が漏れる危険があります．当然，他人のプライベ

ート情報も，本人の了承なく書き込んではいけません。

　さらに，デジタルカメラやスマートフォンで撮影した写真には，位置情報が埋め込まれるため，投稿状態によっては写真掲載のみで，いつどこで何をしたかというプライベート情報が筒抜けになってしまうことがあります。

　ホームページを参照するときは，信頼性をよく確認してください。必ずしも正しい情報のみが記載されているわけではありません。特に，有料なサイトには注意しましょう。後で高額な金額を請求される場合があります。信頼性が確認できないホームページに，クレジットカード番号などの個人情報を書き込むのは危険です。そもそも，学校や企業などのネットワークからは有害なサイトに接続できない措置が取られているところが多いのですが，万全ではありません。

　また，最近ではワンクリック詐欺やフィッシング詐欺といった詐欺行為も横行しています。**ワンクリック詐欺**とは，メールに書かれたアドレスやホームページのリンクをクリックすると，いきなり「ご登録ありがとうございます」などと表示され，不当に会費などを請求されるというものです。こういった行為は完全に詐欺ですので，無視してしまってかまいません。また，**フィッシング詐欺**とは，実在する銀行やクレジットカード会社を装った偽のメールに書かれたアドレスをクリックすると，本物そっくりなホームページが表示され，そこにパスワードや暗証番号を入力してしまうと，これらの個人情報が盗まれてしまうという詐欺です。ウイルス対策ソフトをインストールすることにより，ある程度はこれらの詐欺を防ぐことが可能ですが，万全ではありません。怪しそうなメールやホームページは非常に危険だという認識を常に持つことが重要です。

　また，学校や企業などからインターネットに接続する場合は，基本的に，個人がどのホームページを閲覧したかという情報は記録されていますので，後で問題になりそうなホームページを閲覧するのは避けましょう。

6-3　WWW ブラウザの使用法　— Microsoft Edge —

　ここではWWWブラウザの1つであるMicrosoft Edge の使用法について説明します。

　まず，Microsoft Edge を起動するには，[スタート]メニューに登録されているボタンをクリックするか，タスクバーにあるMicrosoft Edge のアイコンをクリックします。

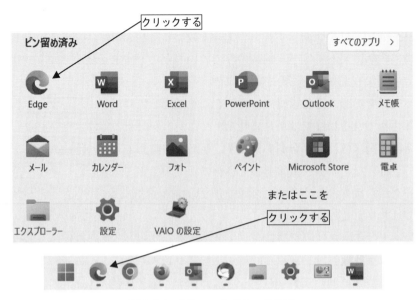

図 6-3-1 Microsoft Edge の起動

　使用するパソコンによって最初に表示されるホームページが違いますが，たとえば次のようなホームページが表示されます。

図 6-3-2 Microsoft Edge の起動画面（2022 年 9 月 1 日現在）

　タイトルバーには現在表示中のホームページのタイトルが表示され，アドレスバーには
ホームページのアドレスが表示されています。

図 **6-3-3**　アドレスバー

　このように，インターネット上のホームページは，アドレスで指定されます。アドレス
は，URL (Uniform Resource Locator)とも呼ばれます。URL の書式はたとえば次のよう
に決まっています。

図 **6-3-4**　URL の構成

　ここで，http は hypertext transfer protocol の略で，ホームページのデータをやり取り
するときに使用される通信プロトコルです。その後のドメイン名は，www の後に"組織名.
組織の種類. 国名"という構成になっていて，それぞれピリオドで区切られています。組織
の種類は，たとえば教育機関ならば ac，企業ならば co，政府機関ならば go と決まってい
ます。また，国名については，日本ならば jp，ドイツならば de と決まっていて，勝手に
決めることはできません。さらに，ホームページによってはドメイン名の / の後にパス名
が表示される場合もあります。ページをたどっていくに従って，パス名の部分は変化して
いきます。

　アドレスバーのアドレスが表示されている部分をクリックし文字を反転した後，たとえ
ばキーボードから google.co.jp と入力し Enter キーを押すと，Google のホームページに移
動します（アドレスを直接入力する場合，http://www. は省略できます）。

図 6-3-5　Google のトップページ（2022 年 9 月 1 日現在）

ここで，前のページに戻りたいときには，ツールバーの[戻る]ボタンをクリックします。

図 6-3-6　[戻る]ボタン

逆に，ツールバーの[進む]ボタンをクリックすると，直前に表示していたページに移動できます。

図 6-3-7　[進む]ボタン

また，ホームページを開くと，開いた時点での最新の情報が表示されますが，しばらく開いたままにしておくと，新しい情報に変わっているかもしれません。このような場合に最新の情報を表示するには，[最新の情報に更新]ボタンをクリックします。

図 6-3-8 [最新の情報に更新]ボタン

図 6-3-5 で，キーワードとして「地球温暖化」と入力して $\boxed{\text{Enter}}$ キーを押すと，「地球温暖化」に関連したホームページの一覧が表示されます。

図 6-3-9 Google での「地球温暖化」の検索結果（2022 年 9 月 1 日現在）

この例では，Google を用いて「地球温暖化」で検索すると，約 23,000,000 件ものホームページが検索されました。さらに，Google では最も重要で信頼性の高いホームページが上の方に表示される傾向があります。このため，検索結果の上位数件を見れば，かなり有益な情報が手に入ります。

この検索結果の一覧画面は残したまま，検索されたホームページを表示するには，一覧画面で下線の引いてあるリンクを右クリックし，ショートカットメニューから[新しいタブで開く]をクリックします（または，$\boxed{\text{Ctrl}}$ キーを押しながらリンクをクリックします）。

図 6-3-10　新しいタブで開く（1）

そうすると，次のように新しいタブでリンク先のホームページが表示されます。

図 6-3-11　新しいタブで開く（2）

このように，タブを使えば1つのウィンドウで複数のホームページを表示することがで

きます。いくつものホームページを開いて比較する場合などに，この機能を使うと便利です。また，現在選択されているタブの右側の[新しいタブ]ボタンをクリックすると，新しいタブが開きますので，ここに別のホームページを表示することも可能です。

図 6-3-12　新しいタブを開く

また，複数のキーワードをスペースで区切って検索すると，これらを同時に含むホームページを検索することができます。左側のタブをクリックし Google のページに戻って，キーワードとして「地球温暖化　北極」と入力して Enter キーを押すと，特に北極の地球温暖化に関連したホームページの一覧が表示されます。

図 6-3-13　Google での「地球温暖化 北極」の検索結果（2022 年 9 月 1 日現在）

さらに，検索オプションを指定すれば，いろいろなキーワードの指定方法が選べるので，情報を絞り込むことができます。このような検索方法を用いると，自分の望む情報につい

て書いてあるページを効率よく探し出すことが可能です。

このようにして検索した情報をコピーして，Word 文書に貼り付けることができます。やり方は，§4-9 で説明した方法とほとんど同じです。ホームページ上で引用したい文章を，ドラッグして選択し，右クリックして表示されるショートカットメニューでコピーします（クリップボードに保管されます）。そして，Word に切り替えてから[貼り付け]を行います。また，図やグラフなども同じようにしてコピーすることができます。ただし，これらの著作権には十分注意してください。

6-4　メールソフトの使用法　— Outlook for Microsoft 365 —

本節では，e-メールを送受信するためのメールソフトの使用法を説明します。メールソフトにはさまざまな種類がありますが，現在最も広く使用されている Outlook の使用法を説明します。

帝京科学大学の在学生が Outlook を起動するには，まず帝京科学大学のトップページの[Microsoft365 サインイン]をクリックします。

図 6-4-1　Microsoft 365 へのサインイン（1）

そうすると，Microsoft 365 のサインイン画面が表示されます。

図 6-4-2 Microsoft 365 へのサインイン (2)

ここで，メールアドレスを入力して[次へ]をクリックすると，次のようなパスワードの入力画面が表示されます。

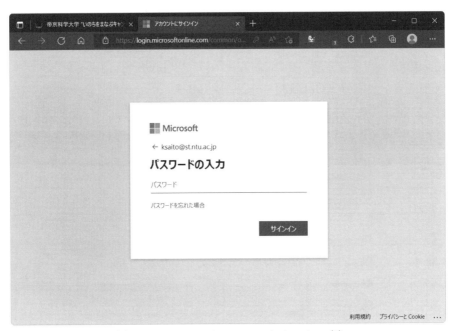

図 6-4-3 Microsoft 365 へのサインイン (3)

　パスワードを入力して，[サインイン]をクリックすると，Microsoft 365 へサインインできます。初回サインイン時には次のような「サインインの状態を維持しますか?」というメッセージが表示されますが，共用のパソコンを使用している場合は[いいえ]をクリックしてください。

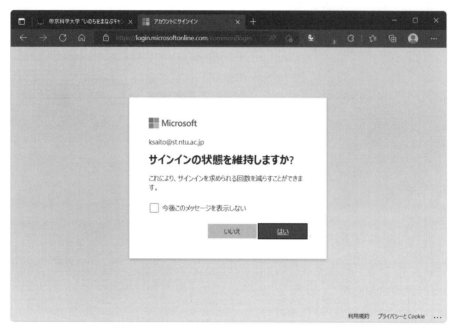

図 6-4-4　Microsoft 365 へのサインイン（4）

　Microsoft 365 へサインインできたら，左上の[アプリ起動ツール]ボタンをクリックして，アプリ一覧を表示してから[Outlook]をクリックします。

図 6-4-5　Outlook の起動

そうすると，次のような Outlook の起動画面が表示されます。

図 6-4-6　Outlook の起動画面

[新規メール]ボタンをクリックすると，次のようなメール作成ウィンドウが開きます。

図 6-4-7　Outlook のメール作成ウィンドウ

ここで，宛先のメールアドレスと件名と本文を入力します。まず，自分自身にテストメ

ールを送ってみます。次の図のように宛先に自分のメールアドレスを入力し，件名に「テ
ストメール」，本文に「メールのテストです。」と入力します。

図 6-4-8　e-メールの作成

　この図で，宛先の下の Cc は Carbon Copy の略で，他の人にも同じ e-メールを送信する
場合に使います。Cc の欄に書いたメールアドレスは宛先の人にもわかるため，この e-メー
ルを受け取った人は，同じ e-メールが他の人にも送られたことがわかります。これに対し
て，Bcc は Blind Carbon Copy の略で，やはり他の人に同じ e-メールを送信する場合に使
うのですが，Bcc の欄に書いたメールアドレスは，宛先や Cc の欄に書いたメールアドレ
スの人にはわかりません。このため，プライバシーを重視する場合には，Bcc を用いた方
がよいでしょう。

　[送信]ボタンをクリックすると，作成した e-メールが送信されます。e-メールが正常に
送信されると，次のように受信トレイに先ほど送信した e-メールが届いていることがわか
ります。受信トレイのテストメールの文字をクリックすると，画面の右側に e-メールの内
容が表示されます。

図 6-4-9　e-メールの確認

　この e-メールに返信するには，[返信]ボタンをクリックします。そうすると，次のよう
なメール作成ウィンドウが開きます。宛先は自動的に送信されてきたメールアドレスが入
り，件名は「Re:テストメール」となります。ここで，Re: は Reply の略で，返信という
意味です。

図 6-4-10　返信メールの作成（1）

　元の e-メールは仕切り線の下に表示されていますので，この上に自分のメッセージを入力します。ここでは，「確かにメールを受信しました。」と入力して，[送信]ボタンをクリックします。

図 6-4-11　返信メールの作成 (2)

　メールを送信すると，受信トレイに返信メールが届いていることがわかります。

図 6-4-12　返信メールの確認

　受信した e-メールの数が多くなるとメールボックスがいっぱいになってしまい，新しい e-メールが受信できなくなることが起こります。このため，不要な e-メールは削除します。e-メールを削除するには，件名の前のチェックボックスをクリックしてチェックを付けた後，[ゴミ箱]ボタンをクリックします。

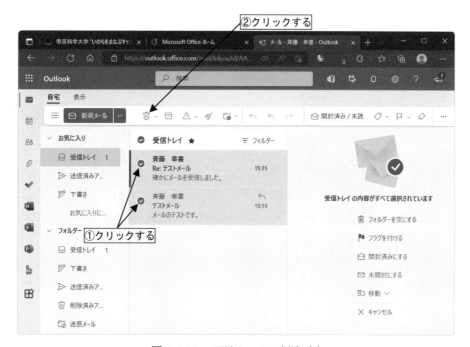

図 6-4-13　不要メールの削除 (1)

　そうすると，次のような確認画面が表示されますので，[OK]ボタンをクリックすると先ほどチェックを付けた e-メールが削除済みアイテムへ移動されます。

図 6-4-14　不要メールの削除 (2)

　さらに，e-メールには他のソフトで作成したファイルや画像ファイルなどを添付することができます。次のように，宛先に自分のメールアドレス，件名に「添付ファイルのテスト」，本文に「添付ファイルのテストです。」と入力し，[添付]ボタンをクリックしてから[このコンピューターから選択]をクリックします。

図 6-4-15　添付ファイルのテスト用メールの作成

そうすると，次のようなウィンドウが開きます。

図 6-4-16 添付ファイルの選択 (1)

　ここで，たとえば[TEMP]をクリックすると，次のようにローカルディスク(C:)TEMP にあるファイルの一覧が表示されます。

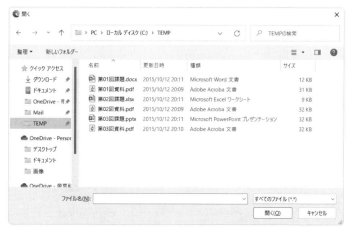

図 6-4-17 添付ファイルの選択 (2)

　「第 01 回課題.docx」をクリックして，[開く]ボタンをクリックすると，次のようにファイルが添付されます。

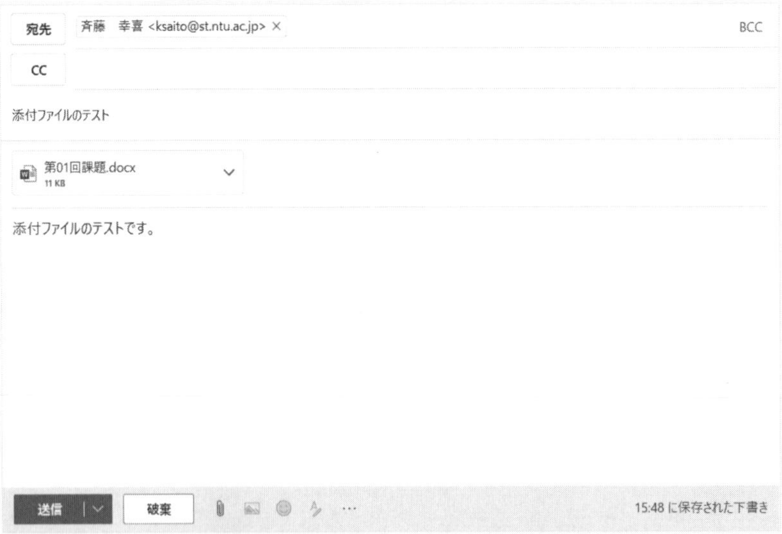

図 6-4-18　添付ファイルの選択（3）

　ここでは添付したいファイルを選択して添付しましたが，エクスプローラーなどでファイルを表示している場合は，添付したいファイルをメール作成画面にドラッグ＆ドロップすることでファイルを添付することもできます。

　[送信]ボタンをクリックすると e-メールが送信され，受信トレイに送信された e-メールが確認できます。

図 6-4-19　添付ファイルの受信

　ここで，添付ファイルの右側の∨をクリックすると，ファイルのプレビューや編集やダウンロードができます。

図 6-4-20　添付ファイルの保存

　また，[設定]ボタンをクリックすると，さまざまなオプションが設定できます。

図 6-4-21　オプションの設定 (1)

　さらに，[Outlook のすべての設定を表示]をクリックすると，次のような画面が開きます。

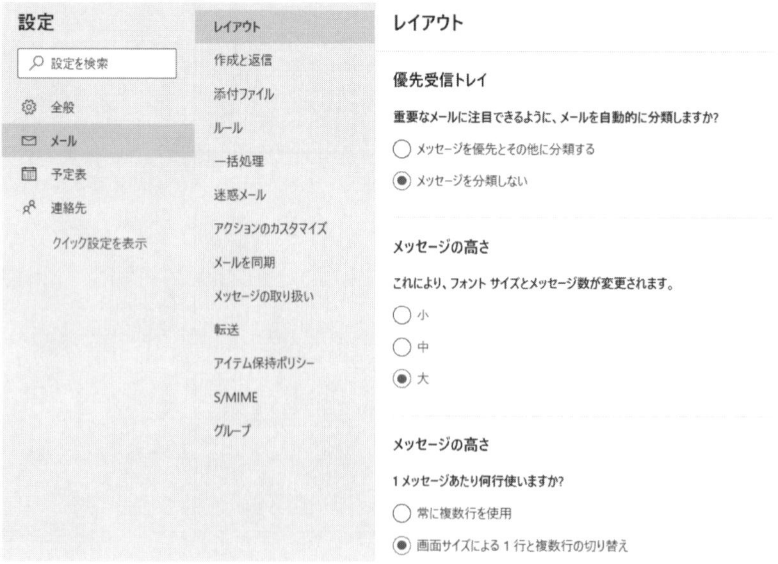

図 6-4-22　オプションの設定 (2)

　まず，署名を作成するには，[作成と返信]をクリックして，たとえば次の図のように新しい署名を入力します。

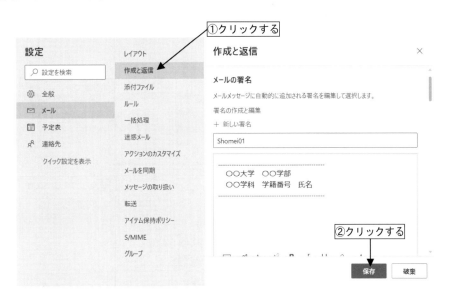

図 6-4-23　署名の作成（1）

　署名はいくつも作成しておいて使い分けることができます。ここでは，たとえば「Shomei01」という名前を付けて[保存]ボタンをクリックします（署名の名前には英数字のみが使用でき，日本語などの2バイト文字は使用できませんので注意してください）。

　図 6-4-23 の署名の画面を下にスクロールして[既定の署名を選択]の[新規メッセージ用]と[返信/転送　用]に先ほど作成した「Shomei01」を設定すると，自分で作成する新規メッセージや返信や転送する e-メールに自動的に署名が付けられますので便利です。

図 6-4-24　署名の作成 (2)

　オプションの設定では，他にもレイアウトを変更したり，連絡先を登録したり，送られてきた e-メールを他のメールアドレスや携帯電話に転送したりできます。必要に応じてこれらのオプションを設定してください。

演習問題 6

6-1　以下の情報についてホームページを検索し，Word を使用してレポートを作成しなさい。ただし，ホームページから引用した情報は，必ず引用した部分と引用元を明記すること。また，最後に自分の感想や意見を書くこと。

　　　①　地球温暖化
　　　②　環境ホルモン
　　　③　ゲノムプロジェクト
　　　④　クローン技術
　　　⑤　遺伝子組み替え食品
　　　⑥　太陽光発電
　　　⑦　燃料電池
　　　⑧　カーボンナノチューブ
　　　⑨　アニマルセラピー
　　　⑩　野生動物の保護
　　　⑪　児童虐待
　　　⑫　待機児童

6-2　学生諸君相互に自己紹介の e-メールを出しなさい。次に，受信した e-メールの内容を引用した返信メールを出しなさい。この返信メールを教員宛にも送信しなさい。

6-3　インターネット上のさまざまなトラブルについて情報を検索し，自分なりにまとめ，自分の意見を含めて，e-メールで教員宛に送信しなさい。

付録 I　　主な特殊キーの名称と機能

キー	名称	機能
Esc	エスケープ	操作を中断する
F1〜F12	ファンクション	キーごとにさまざまな機能が設定されている
PrintScreen	プリントスクリーン	画面のキャプチャー
半角/全角	半角/全角	日本語入力 On/Off の切り替え
BackSpace	バックスペース	カーソルの左側の文字の削除
Insert	インサート	挿入／上書モードの切り替え
Delete	デリート	カーソルの右側の文字の削除
Enter	エンター	操作の確定
Tab	タブ	タブストップまでの空白の挿入
CapsLock	キャプスロック	英大文字/小文字の切り替え
Shift	シフト	他のキーと組み合わせて使う
Ctrl	コントロール	他のキーと組み合わせて使う
Alt	アルト，オルト	他のキーと組み合わせて使う
⊞	ウィンドウズ	[スタート]メニューの表示

付録 II　　主な記号の読み方

記号	読み方
@	アットマーク
!	エクスクラメーションマーク，感嘆符
'	クォーテーションマーク，引用符
"	ダブルクォーテーションマーク，2重引用符
#	シャープ
$	ドル
¥	円
&	アンパサンド，アンド
*	アスタリスク，星印
,	カンマ，コンマ
.	ピリオド，ドット
/	スラッシュ
:	コロン
;	セミコロン
?	クエスチョンマーク
^	ハット
_	アンダーバー，アンダースコア
~	ティルダ
-	マイナス，ハイフン
<	小なり
>	大なり

付録Ⅲ　ローマ字・かな対応表

　縦が母音を示し，横が子音を示します。わかりやすいように大文字で示していますが，入力するときは大文字・小文字を区別する必要はありません。

　たとえば，「きゃ」を入力したい場合，表の「KY」の列と「A」の行の交点にあたるので，キーボードから「KYA」と入力します。

		K	S	T	N	H	M	Y	R	W	G	Z	D
A	あ	か	さ	た	な	は	ま	や	ら	わ	が	ざ	だ
I	い	き	し	ち	に	ひ	み	い	り	うぃ	ぎ	じ	ぢ
U	う	く	す	つ	ぬ	ふ	む	ゆ	る	う	ぐ	ず	づ
E	え	け	せ	て	ね	へ	め	いぇ	れ	うぇ	げ	ぜ	で
O	お	こ	そ	と	の	ほ	も	よ	ろ	を	ご	ぞ	ど

	B	P	F	J	KY	SY	TY	NY	HY	MY	RY
A	ば	ぱ	ふぁ	じゃ	きゃ	しゃ	ちゃ	にゃ	ひゃ	みゃ	りゃ
I	び	ぴ	ふぃ	じ	きぃ	しぃ	ちぃ	にぃ	ひぃ	みぃ	りぃ
U	ぶ	ぷ	ふ	じゅ	きゅ	しゅ	ちゅ	にゅ	ひゅ	みゅ	りゅ
E	べ	ぺ	ふぇ	じぇ	きぇ	しぇ	ちぇ	にぇ	ひぇ	みぇ	りぇ
O	ぼ	ぽ	ふぉ	じょ	きょ	しょ	ちょ	にょ	ひょ	みょ	りょ

	GY	ZY	DY	BY	PY	FY	JY	SH	TH	DH
A	ぎゃ	じゃ	ぢゃ	びゃ	ぴゃ	ふゃ	じゃ	しゃ	てゃ	でゃ
I	ぎぃ	じぃ	ぢぃ	びぃ	ぴぃ	ふぃ	じぃ	し	てぃ	でぃ
U	ぎゅ	じゅ	ぢゅ	びゅ	ぴゅ	ふゅ	じゅ	しゅ	てゅ	でゅ
E	ぎぇ	じぇ	ぢぇ	びぇ	ぴぇ	ふぇ	じぇ	しぇ	てぇ	でぇ
O	ぎょ	じょ	ぢょ	びょ	ぴょ	ふょ	じょ	しょ	てょ	でょ

	CH	TS	L	LT	LY	X	XT	XY	V
A	ちゃ	つぁ	ぁ		ゃ	ぁ		ゃ	ゔぁ
I	ち	つぃ	ぃ		ぃ	ぃ		ぃ	ゔぃ
U	ちゅ	つ	ぅ	っ	ゅ	ぅ	っ	ゅ	ゔ
E	ちぇ	つぇ	ぇ		ぇ	ぇ		ぇ	ゔぇ
O	ちょ	つぉ	ぉ		ょ	ぉ		ょ	ゔぉ

	N
N	ん

※促音（「っ」）は子音を重ねて入力します。たとえば，「ぽっと」は「POTTO」と入力します。

※「ん」は「NN」と入力します。子音の前では「N」だけでも入力できます。

付録IV　文字入力におけるキー操作

日本語入力 On/Off	半角/全角 キーを押す。
ひらがな	入力後，そのまま Enter キーまたは F6 キーを押す。
全角カタカナ	入力後， F7 キーを押す。
半角カタカナ	入力後， F8 キーを押す。
全角英数字	入力後， F9 キーを押す。
半角英数字	入力後， F10 キーを押す。
英大文字/小文字	Shift キーを押しながら英字キーを押すと，英大文字が入力できる。入力前に， Shift キーを押しながら CapsLock キーを押すと，大文字入力モードに固定される。この状態で， Shift キーを押しながら英字キーを押すと，英小文字が入力できる。 もう一度， Shift キーを押しながら CapsLock キーを押すと，小文字入力モードに戻る。

付録V　主なファイル形式の拡張子

doc	Word 97-2003 形式のファイル
docx	Word 2007 以降の形式のファイル
txt	テキスト形式のファイル
xls	Excel 97-2003 形式のファイル
xlsx	Excel 2007 以降の形式のファイル
csv	カンマ区切り形式のデータファイル
ppt	PowerPoint 97-2003 形式のファイル
pptx	PowerPoint 2007 以降の形式のファイル
htm, html	HTML 形式のファイル
pdf	Adobe Acrobat 形式のファイル
bmp	ビットマップ形式の画像ファイル
jpg, jpeg	JPEG 形式の画像ファイル
gif	GIF 形式の画像ファイル
png	PNG 形式の画像ファイル
mpg, mpeg	MPEG 形式の動画ファイル
avi	AVI 形式の動画ファイル
mov	Quick Time 形式の動画ファイル
wav	WAVE 形式の音声ファイル
mp3	MP3 形式の音声ファイル
wma	WMA 形式の音声ファイル
zip	ZIP 形式で圧縮したファイル
lzh	LHA 形式で圧縮したファイル

付録VI　主なショートカットキー

　Windows の操作に慣れてくると，マウスをクリックするよりも，キーボードでさまざまな操作を行った方が速くて確実な場合があります。このようなキー操作を「ショートカットキー」と呼びます。主なショートカットキーを以下の表にまとめます。

Ctrl＋N	新規作成
Ctrl＋O	ファイルを開く
Ctrl＋S	上書き保存
Ctrl＋P	印刷
Ctrl＋A	すべてを選択
Ctrl＋C	コピー
Ctrl＋X	切り取り
Ctrl＋V	貼り付け
Ctrl＋Z	元に戻す
Ctrl＋Home	ファイル先頭へのカーソルの移動
Ctrl＋End	ファイル最後尾へのカーソルの移動
F1	ヘルプの表示
F2	ファイルやフォルダー名の変更
F3	ファイルやフォルダーの検索
F4	直前の操作の繰り返し
F5	最新の情報に更新
Alt＋Enter	プロパティを開く
Alt＋Tab	アクティブウィンドウの切り替え
Alt＋F4	ウィンドウを閉じる
Ctrl＋Alt＋Delete	Windows タスクマネージャーの起動 タスクマネージャーでは，アプリケーションの強制終了などの操作が可能。

索　引

Memorandum

Memorandum

著者紹介

斉藤　幸喜（さいとう　こうき）
最終学歴：1990年　東京工業大学大学院理工学研究科電子物理工学専攻博士後期課程修了（工学博士）
現　　在：帝京科学大学生命環境学部生命科学科・教授

小林　和生（こばやし　かずお）
最終学歴：1978年　東京工業大学大学院理工学研究科経営工学専攻博士前期課程修了（工学修士）
現　　在：元 帝京科学大学生命環境学部生命科学科・教授

Windows 11 を用いた
コンピューターリテラシーと
情報活用
－ Microsoft 365 対応 －
Applied Computer Literacy
using Windows 11

2023年 2 月25日　初版 1 刷発行

著　者　斉藤幸喜　　© 2023
　　　　小林和生

発行者　南條光章

発行所　**共立出版株式会社**
〒112-0006　東京都文京区小日向4丁目 6 番19号
電話　（03）3947-2511（代表）
振替口座 00110-2-57035 番
www.kyoritsu-pub.co.jp

印　刷　藤原印刷株式会社
製　本

一般社団法人
自然科学書協会
会員

検印廃止
NDC 007
ISBN 978-4-320-12497-4

Printed in Japan